正确洗菜

摆脱农药残留阴影

颜瑞泓　著

中国轻工业出版社

图书在版编目（CIP）数据

正确洗菜：摆脱农药残留阴影 / 颜瑞泓著. —北京：中国轻
工业出版社，2023.1

ISBN 978-7-5184-3326-1

Ⅰ.①正… Ⅱ.①颜… Ⅲ.①烹饪—蔬菜—洗涤
Ⅳ.①TS972.111

中国版本图书馆CIP数据核字（2020）第259477号

责任编辑：方　晓　　　　责任终审：李建华　　整体设计：锋尚设计
策划编辑：史祖福　方　晓　　责任校对：朱燕春　　责任监印：张　可

出版发行：中国轻工业出版社（北京东长安街6号，邮编：100740）
印　　刷：艺堂印刷（天津）有限公司
经　　销：各地新华书店
版　　次：2023年1月第1版第1次印刷
开　　本：710×1000　1/16　印张：9.75
字　　数：150千字
书　　号：ISBN 978-7-5184-3326-1　定价：39.80元
邮购电话：010-65241695
发行电话：010-85119835　传真：85113293
网　　址：http://www.chlip.com.cn
Email：club@chlip.com.cn
如发现图书残缺请与我社邮购联系调换
200708S1X101ZYW

推荐序 | **专家传授的生活知识**

在家烹煮食物，有许多方面的好处，包括了解食材来源与制备过程、确保卫生、健康、安全，可以是一个令人愉悦的爱好而且能增进与家人的情感互动。在无良商家与食品安全问题陆续被揭露之后，现在有更多的人开始或重拾锅碗瓢盆，享受安全、健康的烹调煮食的乐趣。

于是，如何正确选购与处理食材，开始引起越来越多人的关注。当然，网络上有海量的信息，却大多数都是零散破碎而不完备的，而且也多有网络信息道听途说、断章取义的通病及不专业造成的错误。

我个人一直喜欢在认识各领域新知识时，能通过一本系统的专业书，了解专业的真实性。台湾大学农业化学系颜瑞泓教授从事农药残留研究二十余年，是国际上该领域相当著名且杰出的学者专家。现在更是在繁忙的教学研究之余，完成这一极具参考与实用价值的好书——《正确洗菜：摆脱农药残留阴影》，令人甚为振奋与敬佩。本书以图文并茂、通俗易懂的编排写作方法，将非常专业扎实的理论知识化为生活知识，正是大家需要的好书。

谨此郑重推荐。

台湾大学生物资源暨农学院前院长

徐源泰

要多吃植物性食物，
也要吃得安全安心

目前健康饮食的观念盛行，国际学术权威机构多推荐"未精制植物性食物应在每日饮食中占大部分"。例如，世界癌症研究基金会经过审阅数千篇学术研究文献后，专家推荐的饮食防癌原则中即有一条——植物性食物：吃大部分是植物来源的食物（PLANT FOODS：Eat mostly foods of plant origin）。其中特别强调要吃足够量的蔬菜、水果、全谷、豆类等。这样的吃法，也是预防其他常见慢性疾病，如心血管疾病的重要原则。

这些植物性食物，含有丰富的营养素和健康促进因子，不只对人体有利，也是自然界中其他物种的最爱。2020年年初，我实验室的一个学生，在农艺专家的指导下，学习在温室中种植黄豆，结果黄豆被害虫吃得非常严重，连夏天种植的第二批也全军覆没。而历史上的"蝗灾"，也有多次农作物被完全摧毁的记录。近代科学终于研究出各式各样的"植物保护"方法，其中最重要的手段之一就是"农药"的施用。

曾有人估计，完全不用农药，不用基因改良作物，全世界作物产量恐减产百分之四十，在目前全球人口增加的压力下，粮食不足更是雪上加霜。而农药的上市均经严密的安全评估，在严格的使用规范下，对消费者的健康风险应在合理可接受范围。问题在于，现实中这个理想的使用状况有时不被遵守，一经媒体报道，常引起百姓的恐慌，导致专家在进行营养推广教育鼓励人们多吃蔬菜水果时，常会被问到："农药残留的问题怎么解决？"

食物或食品残留农药属于"食品安全问题"的一环，政府承担了"规范、辅导、管理"的重责大任。每位公民都应该严格监督政府，尽责地维护人民的健康，将风险管控在合理可接受的范围。目前，我国农产品质量安全专项整治卓有成效，对风险高、隐患大的农产品加大执法抽检频次，有效形成了监管的震慑力。

面对"农药"的问题，农药专家颜瑞泓教授以他在农药方面丰富的知识术养，在本书中提供了实用的概念知识和正确的清洗方法。例如：当季、当地食材相对较为安全；台风前抢收、抢买相对较不安全等非常实用的原则。世界卫生组织发布的《2014年全球非传染性疾病现状报告》中明确指出，慢性疾病为目前全球最大的健康威胁，而主要的风险因素包括：吸烟、活动少、酗酒与不健康饮食。其中不健康饮食首推"蔬菜、水果摄取不足"。期望本书可以帮助大家安全地摄食足够量的蔬菜、水果及全谷、豆类等未精制植物性食物，让全民有更健康的未来！

台湾营养基金会董事长
台湾大学生化科技学系暨研究所教授
黄青真

《正确洗菜：摆脱农药残留阴影》一书出版至今已经过去五年了，这本书刚出版时引起了很多人的好奇——

有人好奇，洗个菜而已也能出一本书；

有人好奇，洗菜就洗菜，还有什么正确不正确；

但更多人好奇的是，自己平常有没有用错方法，洗错菜。

于是，许多媒体邀请我，让我去谈怎样才能正确洗菜。我也在这些访谈中，介绍了正确地认识农药，从为何要使用农药，为何会有农药残留在蔬果上，一直到农药残留容许量不等于消费者摄入农药量等观念。

此外，在许多与农药有关的新闻事件发生时，这本书中有关洗菜的内容也经常被引用，一时之间，这本书的本意，"减少一分残留，增加一分安心"及"多一点认识、少一点担心"的目的似乎达到了。

但就在"正确认识农药"这样的概念逐渐被大家理解、接受时，我也发现仍然有关于农药的怪异说法与想象出现，例如，农药残留的蔬果被称为毒菜；制定农药残留容许量被说成是放宽标准几百倍，等等。于是，为了让大家对农药与食品安全问题的关系有更多的了解，我决定持续让这本书再继续发挥它的作用。

农药的使用与管理是与时俱进的，因此，增订版中将这几年来新增加许可农药的使用或是取消使用都做了更新，也将更多新兴的作物放进作物分群之中。另外，对于农药的认识也提供了新的数据，并且新增加一些对网络上流传谣言的释疑。期望这本书改版后能持续发挥传播正确信息的功能。

颜瑞泓

减一分残留，增一分安心

从事农药残留研究二十多年，每当有人知道我主要研究农药课题，第一个问题总是问我：

"如何清洗蔬菜水果才不会吃到农药？"

关于这问题，我有两套答案——对于一般消费者，我会告诉他们在水龙头底下用水冲洗，仔细刷洗蔬菜或水果的缝隙；但如果是上我课程的学生，我就会直截了当地跟他们讲洗不掉。

为什么答案完全不同呢？

因为来上课的学生，我会用一学期的课堂时间仔细地向他们说明农药是什么，而在对农药有了清楚的了解后，对于洗不掉蔬果中的农药这件事，并不会造成他们生活上的困扰。

但如果面对的是一般消费者，我没有充裕的时间跟他们解释农药的多样与毒性的不同，农药的残留不等同于毒性的残留等，只好从尽量减少农药残留的角度，向他们介绍清洗掉蔬果表面部分农药残留的简便方法。大家也比较容易利用这些方法，在烹煮食材或取食蔬果前，加以处理并加强食物的卫生安全。

但是近年来，信息流通快速，消费者对于农药在食物上残留的认知也有不同的转变，有人会追问，或者质疑：

"这个清洗法能洗去系统型农药吗？"

"检验合格的农产品是表示没有农药残留吗?"

"有机农业真的不能使用农药吗?"

鉴于消费者对食品的安全问题越来越重视,而蔬果农药残留的情形也一直存在,因此让我兴起了写一本书的念头,向读者介绍如何有效清除各种食材上所残留的不同种类农药的方法,提供给有兴趣的读者参考。

当然,所有武功都有罩门,再好的方法或技术也会有盲点。但能减少一分残留,就能增加一分安心,这是本书的关键理念。

颜瑞泓

本书使用指南

本书分为三个部分，以适合一般人阅览的规划设计，传达农药专业知识，使此书兼具实用价值与知识价值。

第一部分"蔬果农药残留22问"：将专业晦涩的农药知识，转换为一问一答的方式呈现，设想消费者心中的疑惑，并予以解答。此外，更引导读者认识农药在研发、法规与施用方面的相关知识，将相关问题分为认识、挑选与清除三大类，读者在书籍页面右侧标签上可以清楚查阅相关内容（如图1）。

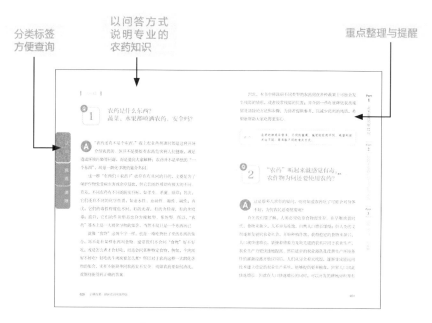

图1 "Part.1 蔬果农药残留22问"页面说明

第二部分"如何去除农产品上的农药残留"：以消费者最方便查找的方式分成八大类、三十一大项农产品，并说明每项农产品的特性、如何清洗、农药残留的位置（图2）。

第三部分"网络追问，传言破解"：搜集网络上有关蔬果食安问题的二十大传言，由作者从专业角度说明这些传言的背景、可能性，随着分析的脉络，引导读者以理性的态度看待传言，辨别真假。

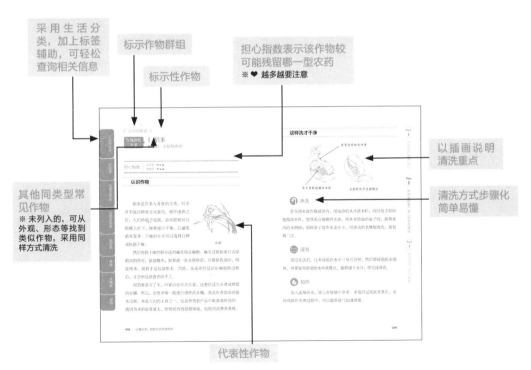

图2　"Part.2　如何去除农产品上的农药残留"页面说明

Part 2

如何去除农产品上的农药残留
◆ 残留与清除

Part 3

网络追问，传言破解

Part

1

蔬果农药残留 22 问

Q 1 农药是什么东西？
蔬菜、水果都喷洒农药，安全吗？

A "农药还真不是个东西。"我上农业药剂课时都是这样开场介绍农药的。但并不是要指责农药危害到人们健康，或是造成环境污染等问题，而是要向大家解释：农药并不是单独的"一个东西"，而是一群化学物的集合名词。

这一群"东西们（农药）"的存在有共同的目的，主要是为了保护作物免受病虫害或杂草侵扰，但它们的性质却有极大的不同。首先，不同农药有不同的防治目标，如杀虫、杀菌、除草；其次，它们还有不同的化学性质，如亲水性、亲油性、酸性、碱性；再次，它们的毒性程度也不同，有的无毒，有的含轻毒，有的含剧毒；最后，它们的作用形态也分为接触型、系统型。所以，"农药"基本上是一大群化学物的集合，当然不仅只是一个东西而已。

就像"食物"这两个字一样，也是一堆吃到肚子里的东西的集合，而不是有某样东西叫食物。通常我们不会问"食物"好不好吃，或是怎么煮才会好吃，而是会问某种特定食物，例如，牛肉面好不好吃？好吃的牛肉面要怎么煮？所以对于农药这样一大群化合物的集合，实在不能简单问农药安不安全、残留农药要如何清洗，就期待能得到正确的答案。

因此，本书中将说明不同类型的农药用在各种蔬果上可能会发生残留的情形，或者较常残留的位置；并介绍一些有效降低农药残留及清除的方法和步骤，为读者提供参考，以减少药剂的残留，希望能帮助大家吃得更安心。

> **要点** 农药的种类非常多，不同的蔬果，施用的农药不同，残留的状况也不同，要采取不同的清洗方式。

Part
1
蔬果农药残留22问

Part
2
如何去除农产品上的农药残留

Part
3
网络追问，传言破解

"农药"听起来就感觉有毒，农作物为何还要使用农药？

 这是很多人常有的疑问，明明知道农药吃了可能会对身体不好，为何农民还要使用呢？

首先我们要了解，人类必须依靠食物而生存。在早期渔猎时代，食物来源少，人不容易吃饱，自然人口增长缓慢；但人类的文明逐渐发展到农业社会，开始种植作物，获得稳定的食物来源后，人口就快速增长，紧接着将畜力及较先进的农具应用于农业生产，农业生产力更快速地提高。然后进步的农业器具及改善生产环境条件的灌溉设施开始应用后，人们从完全看天吃饭，逐渐变成能运用技术建立稳定的农业生产系统，能够提供更多粮食，世界人口因此快速增长。但就在人口快速增长的同时，可以开发的耕地面积却有限，于是只好设法提高单位农地的农作物生产量来提供足够的粮食。

要如何提高单位农地的产量呢？积极的做法是从作物的选种及育种着手，而消极的做法则是保护作物减少其损失，因此农民在取得优良作物品种后，就要好好保护作物，以期获得作物最高产量及最佳质量。而保护作物的方法很多，其中最经济、效果也最好的方法，就是施用化学药剂。

所以，如果要降低农作物栽种成本、增加收获量，并且让外表美观的话，使用农药是最有效且最省力的方法。当农民发现种植的作物被虫咬了、生病了，或是被杂草抢了食物（肥料）、占了生长空间（阳光），他们就会开始使用农药来杀虫、杀菌、除草。现在大家应该知道农民为何要使用农药了吧！

认
识

挑
选

清
除

> 要点　为了提高农作物的生产量，并且有更好的质量，最经济的方式就是使用化学药剂，如化学肥料与农药。

Q3 常听说农民种自己吃的菜时，会另外栽种，完全不喷洒农药，为什么他们会这样呢？

 我发现很多人因为这样的说法，更加排斥农药与恐惧农药，但如果对于农药有基本的认识，其实不用太过于担心，农民自己吃的菜不喷农药，还有其他的原因，并不一定是因为觉得农药不好。

当然，由于农民在喷药时，会当场眼睁睁地看着昆虫因为被喷洒杀虫剂，从植物上掉下来，然后扭曲死掉；或者是看着杂草喷了除草剂后，快速枯黄凋落，自然会对他们的心理有些影响。但主要还是因为，自己要吃的蔬果，既不要求外表美观，也不用产量多高，他们当然不需要花费精力去喷药。

不过，农民要送到市场上去售卖的农产品，由于消费市场对质量有一定的要求，农民需要更加用心去栽培管理，适时补充农作物生长所需的养分，并在农作物受病虫危害时加以保护，才能维持一定的产量与质量。

相较之下，农民另外种给自己吃的菜，事实上并不是农民特别去照顾栽种的，反而是农民不需要特别去进行施肥及病虫害防治的部分，所以有时候在外观上不是很完美，或者是个体比较小。

这些农民栽种给自己吃的菜，虽然没有特地喷药，但如果与其他采用惯行农法（喷药、施肥）的农田没有完全隔离，或是浇灌的水源没有完善区隔的话，也是有可能发生农药飘散、水源污染的情形，所以即使是农民种给自己吃的菜，在食用前也要谨慎地清洗。

> 要点　一般传统市场购买回来的蔬菜，即使看起来像没有施药，或者是当地农家自己栽培，也都可能受到污染，清洗工作不可忽视。

为何农作物会有农药残留？不能避免吗？

A 农作物会有农药残留的原因，可以从两方面来说。

首先，农药被直接施用在农作物上面或是农作物生长的地方，因此农作物无可避免地会与农药接触，而接触后多少会残留农药在上面，即使过了一段时间，或许大部分会被雨水冲净，或者自然消解，但还是会有些位置容易聚积药剂，也就是我们在书中教大家要特别注意清洗的地方。

其次，是刻意要去保留农药的残留。因为施用农药后，需要让农药在田地里或是在农作物上维持一定的有效药量，才能产生持续保护作物的作用，否则当农药残留量降低到无法保护农作物时，害虫、病菌等又会开始侵犯农作物了；所以在农作物收获前，农药一定要维持基本的量。因此，农作物只要有使用农药，在收获后仍有农药残留是正常的现象。

既然多多少少都会有农药残留，我们所应该要关心的是农药的使用方式，农民是否按照《农药合理使用准则》合法使用农药，以及是否遵照安全采收期的规定：当农作物采收时，农药残留量已经消退到安全范围以内。在各个农药规定的安全采收期后所采收的农作物，只要仔细清洗，就能让全家人吃得安心又健康。

> 要点　农药的残留有其必要性，否则就无法保护农作物，只要农民按照相关标准合法使用农药并遵守安全采收期，其实不用太过担心。

认识　挑选　清除

Part
1
蔬果农药残留22问

Part
2
如何去除农产品上的农药残留

Part
3
网络追问，传言破解

Q 5 什么是安全采收期？这期间采收的蔬果吃起来就安全吗？

A 农药喷施后，就会开始不断消散分解。我们通过实验，知道不同农药施用在不同的农作物上后，随着时间而消散的状况。而根据这份数据，就可以估算最理想的安全采收期，当到达理想的安全采收期时，通常农药已经消散至检测不到的状况。

但实际作业的时候，由于病虫害防治上的需要，并考虑农药的毒性高低，一般会将安全采收期的设定提前几天。也就是在采收前，仍会让农药残留量维持在具有最低防治效果，而这个时间点农药的残留量在食用上也是安全的。

举例来说，某农药施用后检测浓度为1.6毫克/千克；施用8天后浓度为0.2毫克/千克；施用10天后，浓度为0.1毫克/千克，12天后浓度为0.05毫克/千克，如再降解就检测不到了。若对害物的防治需要有效浓度高于0.2毫克/千克，而经过动物毒性试验后，确认结果在0.2毫克/千克是残留农药安全残留量，即可能将其安全采收期定为8天后，而不是完全消散的12天以后。

"安全采收期"是指农药施用后隔多久时间才可以采收，而此时残留在农作物上的农药量，消费者食用时是不会有安全隐患的。

要点	在实际中，安全采收期通常设定于"农作物上的农药还具有防治效力，但此残留量对人体已经无害"的时间点。

Q 6 我们看到的农产品农药残留检验是谁做的？可以相信吗？

A 由于农产品中农药的残留非常微量，大概就像是一个大沙包里面一小粒沙子的程度，因此在检验工作上必须非常严谨，而且分析技术也要经过训练，所得到的结果才会有可信度。若万一不慎将错误数据对外公布，不但会造成消费者的恐慌，更可能使农产品生产者蒙受极大的损失；反之，如果有农药残留，却没有被检验出来，则会影响消费者的饮食安全。

所以，农产品中残留农药的检验是保护消费者食用农产品安全的重要关卡。相对地，检验工作极为重要。一定要是经过认证的实验室进行的农产品残留农药检验，所得到的结果才具有公信力。

要点　农药残留检验报告，均由政府部门认证的单位进行检验，检验结果非常严谨，报告也具有公信力。否则稍有不慎就会造成消费者的恐慌，甚至农民的损失。

认识　挑选　清除

Q 7 农民们怎么知道哪些农药可以合法用于哪些农作物呢？

A 世界上大多数国家的农药登记制度，是由农药厂商向政府提出申请并完成登记，政府才能有效控管，并且制定相关的使用原则以供农民们遵循。

不过，哪种农作物可以施用哪些农药，并不完全是依单一的农作物来规定。某种农药可以适用于某一群组的类似农作物。

这是因为申请时除要求厂商提供农药的防治效果外，更要附上齐全的农药基本性质数据、毒理数据、对环境的风险数据等，需要投入相当多的人力及物力去进行研究。

厂商基于市场考虑，通常只愿意针对生产面积较大、生产量大的农作物，或是经济价值高的农作物所需的农药去申请，使得某些"少量作物"发生病虫害时，无合法药剂可使用。此时农民就容易发生违规使用农药的情形；而农民使用未经科学评估的农药，就会影响到食用农产品的安全。

要 点	如"少量作物"缺少农药使用规范可遵循，农民极可能随意用药，如此将会无法控管与检验。因此，将"少量作物"纳入类似作物的群组中，遵循相同用药规定，是解决此困境的有效办法。

在农药延伸使用制度中，农作物如何分群组？又分哪些群组呢？

认识
挑选
清除

A 农药在延伸使用农作物范围时，在害物防治上是依"防治效果"所采取的分群方式，考虑到药效是否能达到保护目的。而为使原先合法登记用在A作物上，防治某种状况病虫害的农药，延伸使用在B作物上，必须进行药效试验，提出科学证据来证实是有效的。

而基于作物与作物间及与害物间的关系所做的"药效试验使用范围分群"，在分组时必须考虑作物的生长特性、形态、采收形式，以及栽培模式与受同种或同类群害物危害情形，目前在台湾地区，农作物群组区分为水稻、杂粮、蔬菜、果树、花卉、林木及菇等。

Q 9

使用农药还要分群，那么农作物分了群组后有什么好处呢？

A 在农药延伸使用范围制度推广之后，同一农药残留群组下的农作物，不论是代表性的作物或少量作物，都可以使用相同的合法农药，以减少因缺乏防治药剂，而迫使农民自行违规扩大农药使用范围的问题发生，这是好处之一。

其次，如能正确使用农药，就能预估农药残留的状况并掌握安全采收期，此为另一个好处。

考虑农药残留与消费者的食用安全是"群组化农药延伸使用"制度中的另一个重点。以往未群组化时，根本无法知道在种植"少量作物"时，真正用于病虫害防治的农药有哪些。在栽种过程中，为了防治病虫害，农户们各显神通自行施用农药，残留的农药自然就五花八门，难以检验。有了分群制度后，则使"少量作物"的农药残留情形趋于一致。

在农药残留容许量试验中，还采用另一种作物分群，目前区分为二十二类，包括米类、麦粮类、干豆类、包叶菜类、小叶菜类、根茎菜类、薹菜类、果菜类、瓜菜类、豆菜类、芽菜类、瓜果类、大浆果类、小浆果类、核果类、梨果类、柑橘类、茶类、甘蔗、坚果类、香辛类植物及其他草木本植物等类群。

本书延伸作物分群的概念，以一般大众熟知的代表农作物来表现，说明合法的推荐用药可能残留情形，并建议规范的清洗去除步骤。如有未罗列记录的蔬果，读者可以自行延伸至同类作物的农药残留清除方式，以作为选用相关农产品时的参考。

| 要点 | 群组化的农药延伸使用制度，以"防治病虫害"与"农药残留"两个维度进行作物分组，两者相辅相成，不但使农民有农药可用，也考虑到消费者的食用安全。 |

Q 10 有套袋的蔬果就不会喷洒到农药，是不是可以吃得更安心？

A 套袋的目的是防病虫害，不是防农药。而且，有些药剂具有系统性的作用，不是套袋就不会有农药残留；有些套袋是在喷完药后才完成的，甚至在国外还有含药剂的袋套，以增加防治害物的效果。因此，套袋不能作为判断有没有农药残留的依据。

一般而言，套袋施作的时机点大多在幼果时期，发生果实的病虫害之前。果实套袋后，受到完善的保护，减少病虫害的发生，对于降低农药的使用确实是有效的方式。即使使用药剂，套袋的隔离对于果实避免接触药剂也可以产生一定的效果，使农药残留在蔬果表面的机会降低许多。所以，虽然套袋不能代表没有农药的残留，但对于减少残留却是有帮助的。

认识

挑选

清除

Q 11 标示为有机栽种的农产品，是不是就不会存在农药残留的问题呢？

A 很多人认为吃有机农产品，就不必担心农药残留。其实，这也是对农药认识不够产生的误解。

所谓有机农产品，是指农作物在生产过程中，未使用化学合成生产的农药或肥料。但在有机农产品的生产过程，还是会使用天然来源的物资，由于目的同样是保护作物，当然也属于农药的范围。因此，有机农作物是可以施用农药的，只是这些物资的来源是天然的，非经人为方式合成的。天然的物资，取自于自然，用之于自然，虽然对环境友善，对生态安全，但也是会有农药的残留，只是一般均认为这些天然的植物保护物资对人体的危害性较低。

Q 12 我们只要在农产品选购与清洁上多用心，是不是就不用担心农药对人体的影响呢？

A 杀虫与防病的药剂不一定只使用在农产品上，只是对于消费者来说，农产品的农药残留问题是最直接的、有累积性的，每日食用蔬果食材都需要面对这样的问题。但事实上，农药作为一种植物保护用途的药剂，在我们生活的周遭应用十分广泛，因此大众接触到农药的机会并不止于食用农产品上的残留。

首先，家家户户几乎都会使用杀虫剂，但因为不是应用在农业生产的植物保护上，而是用于维护环境卫生，所以不是被称为农药，而是称为环境卫生用药，每到夏季高温时节，政府机关、小区就会在办公、居家环境周围大规模进行药剂喷施，用来防治病媒蚊。

小区住宅的管理委员会定期对地下室或公共区域进行环境卫生的维护工作，也都会用到这些环境卫生用药。此外，晚上睡觉时使用的电蚊香片、点燃的蚊香、用来杀蟑螂的杀虫喷罐，诱引蟑螂、老鼠、蚂蚁的饵剂，等等，这些药物的主要成分其实与某些农药的主要成分是一样的。

其次，道路旁的行道树，常会有病虫的侵扰，也需要药剂的保护。运动场地需要美丽漂亮平整的草皮，则要使用除草剂、杀虫剂及杀菌剂来保护。这些都是我们日常生活中除了饮食以外，可能接触到农药的途径。虽然接触机会较少，但也要多加注意。

要点	农药是保护农作物的药剂，事实上在我们生活周遭还有很多类似农药成分的杀虫杀菌剂，也要注意使用并且避免接触。

Q 13

听说挑选有虫咬过或是有病斑的蔬果，就是没有洒农药，真的是这样吗？

A 实际上，这样的推论是合理的。因为农民在栽种农作物施用药剂时，需要花费人力及购买农药的成本。如果消费者只买外形漂亮完美的蔬果，那么农民就只好多花些钱与心思，尽量设法让种出的农作物完美无瑕，因此若是看见表皮完整又漂亮的蔬果，就有可能是受到比较多的照料，而外观稍有瑕疵，偶见有虫咬孔洞的作物，则可能是因为较少使用药剂保护所造成的。

但是，大家在市场选购蔬果时，却也没必要矫枉过正，一味只挑选有虫咬或有病斑的蔬果，因为我们从外观上根本无法判断农作物是否有施洒农药，也有可能是农作物发生虫咬痕或是有了病斑之后，农民开始为了防治而进行喷药呢！

Q 14

在市场上到底要怎样选购蔬果才能避免农药残留的风险呢？

其实挑选蔬果最重要的原则是选购"当季"蔬果。但除了当季以外，还要选择"适地"种植的蔬果。

在适宜的气候及适合作物生长的土壤环境下成长的蔬果最健康，而健康的蔬果不仅营养成分会在最好的状态，更因为生长状况良好，自然不需要太多外来的手段去保护，也就是说健康的植物就不必喷太多的农药。

另外，不是当地且当季生产的蔬果，为了长期保存或是长途运输的需要，自然就会使用许多保护方法，如防腐、保鲜等。

除此之外，如果在台风或暴雨前后购买蔬果，就有可能买到农药残留量超过标准的农作物。主要是常有农民为避免灾害造成农作物损失而抢先收成，但这些抢收的农作物如果所施用的农药还没到安全采收期，此时作物上的农药残留量就很容易超过最大限量标准。因此，担心风灾雨祸后蔬果会涨价，提前到市场抢购蔬果的消费者，需要特别注意。

而某些使用设施栽培方式栽种的农作物，例如架设温室、网室栽培的作物，因为具有较好的病虫害隔离效果，可以有效减少农药的施用，所以标示设施栽培的农作物，也是选购时的参考指标之一。

> 要点　一般选购蔬果时要考虑适时、适地、在时的因素，购买当季盛产的最好；在地的方面，最好选择适地生产或在温室、网室栽培的蔬果。

Part
1

蔬果农药残留 22 问

Part
2

如何去除农产品上的农药残留

Part
3

网络追问，传言破解

Q 15 水耕农产品看起来很干净，会不会比较卫生安全？

A 水耕是将农作物种植在以水取代土壤为基质的环境中，农作物生长所必需的营养，如氮、磷、钾等元素，则是添加到水耕液中，因此农作物吸收养分速度快而直接。但是有些植物视氮肥为美食，会过量吸收氮肥，加上光照不足等种植环境或其他生长条件的问题，很容易造成农作物中的硝酸盐含量过高。食用后，经过唾液酶及消化道微生物的作用，会把部分的硝酸盐转变成亚硝酸盐，危害人体健康，这点值得注意。

目前水耕的生产环境管控条件日趋进步，例如最近兴起的植物工厂，即是在严格的温度及光照环境调控下于室内生产，若能再搭配严格的产品检验，这样的水耕植物确实是比较卫生的。

Q16 有人说用盐可以清除蔬果上的农药，是不是真的？

A 时常有人在讲使用盐水清洗可以去除蔬果上的农药残留，但是农药附着在蔬果表面上的成分，很多都是偏脂溶性的物质，而以清水冲洗主要是利用水流的力量，加上刷洗的方式去除附着的药剂。

如果使用盐水清洗，一来盐水对脂溶性的药剂溶解度不好，其次使用盐水大都只能以浸泡的方式处理，因此，清除残留农药的效果并不会比在水龙头下以水流冲洗的方式要好。

还有，一般使用盐水浸洗蔬果，盐的浓度要如何调整？会不会影响农产品的风味？这些都使得盐水清洗蔬果农药残留的方法受到质疑。

Q17 市面上有专用的蔬果清洁剂，是否会洗得比较干净？

A 若使用市面上商品化的蔬果清洁剂来清洗的效果如何？由于各家蔬果清洁剂配方各有不同，很难一致回答有效或无效。

但是即使清除掉部分蔬果中残留的脂溶性农药，使用的清洁剂是否也会有残留问题呢？再用其他方法清洗这个清洁剂吗？若是清洗不干净呢？会不会吃蔬果的同时，还会吃进没清洗干净的农药和蔬果清洁剂？这样不是吃进更多残留的化学药剂了吗？

所以使用清水依照食用部位的特色去进行冲洗，还是目前比较有用的办法。如果使用蔬果清洁剂来清洗，也许应先切实了解配方的安全性后，再斟酌使用。

Q 18 听说用小苏打或醋来洗蔬果可以中和农药，听起来好像很有道理，是真的吗？

A 小苏打与醋，一个是碱性，一个是酸性，分别说明如下：

小苏打，又称为苏打粉，化学名称是碳酸氢钠（$NaHCO_3$），在水中会释出二氧化碳，因此在食品制作时常用来当膨松剂，且因具有弱碱性，也常用来中和食品中的酸性。由于小苏打常被添加在食品中，所以有消费者认为用它来清洗蔬果应该会比用清洁剂安全。

事实上，有许多酸性的农药（例如有机磷剂）在碱性环境中降解速度会变快，像马拉松（malathion）在pH 5状态下，半降解周期（农药降解一半所需时间，DT_{50}）大约107天，在pH 7状态半降解周期只剩下6天，在pH 9状态半降解周期仅需半天。

037

感觉上好像是可以加速降解，但是不妨仔细想一下，即使是在pH9的碱性环境下，也需要12个小时才能降解一半，而一般我们清洗蔬果时间最多几十分钟，因此利用小苏打来加速农药的降解，其实效果并不明显。况且，若残留的是其他在碱性环境中安定的农药，用小苏打清洗，反而增加了降解所需时间。其次，小苏打有药品用、食用及工业用等不同等级，万一使用到杂质较多的小苏打粉，反倒增加污染蔬果的机会。

至于用醋清洗，以上述马拉松为例，反而是会延长有机磷剂的降解时间，而且用醋清洗后，醋的味道会留在蔬果上，也会影响食物的风味。

因此，无论是用小苏打还是醋，都不如用清水冲洗的方式好。

> 要点　　用小苏打或醋来当清洗剂，效果未必会比用清水冲洗好。

Q19　有人用臭氧来清洗蔬果，可以清除农药残留吗？到底哪一种方法最有效呢？

由于人们一直很在意农产品上农药残留的问题，再加上科技进步，市面上出现许多帮助清洗的用品。近年来应用臭

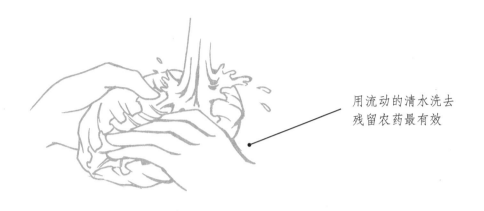

用流动的清水洗去
残留农药最有效

Part
1
蔬果农药残留 22 问

Part
2
如何去除农产品上的农药残留

Part
3
网络追问，传言破解

氧来清洗蔬果的设备，一下子吸引了大家的目光，不少人开始关注其是否有用。

不可否认的，以臭氧机来清洗蔬果，对于去除农药残留有一定的效果，但是臭氧对人体安全吗？这是需要考虑的另一个问题。

为了知道臭氧的功效，我们曾经进行过一项试验，分别以通入臭氧、通入空气及单纯浸泡三种方式来清洗，比较三者去除附着在蔬果表面农药的效果，看看是否有差异。

试验结果发现，浸泡当然是最没有办法把农药自蔬果表面去除的方式，但是通入臭氧与通入空气两种方式，效果虽好，经比较后并未发现两者有明显的差别。这是因为以打气去除蔬果表面附着农药的方法，主要是利用气泡带动水流，再借由水的流动对蔬果上附着的农药进行冲涤，而不是因为臭氧发挥特殊的化学作用分解农药。

因此，去除蔬果表面附着的农药，用流动的清水冲洗是最有效的方式。

要 点	要去除蔬果农药残留，用流动的清水清洗农作物，是最有效且简单的方式，而且经济又实惠。

看见电视节目中有人采摘田里的有机蔬菜直接生吃，有机蔬菜可以不用洗就吃吗？

A 虽然有机农产品的生产未采用人工合成的化学肥料与农药，但却可能会使用以天然物质制作的药剂来保护农作物，如苦楝油、矿物油等，也是农药的一种，虽然无毒，但仍有可能会少量留存在农作物上。即使我们认为对健康危害性很低，但还是要适度清洗。

其次，有机农业常用天敌昆虫去防治害虫，这些天敌或者它们的幼虫也可能会躲藏在农作物里！

此外，土壤中也存在非常多的微生物，在浇水过程中，微生物难免会飞溅到农作物上面，也是一种污染。

因此，即使完全没有使用人工合成农药与化肥的有机农产品，在食用前适度清洗及烹调是比较好的选择，最好不要直接生吃。

Q 21

蔬果买回来放置一阵子再食用，农药残留会减少吗？

 我们都知道用水清洗可以快速将农药自蔬果上去除，但如果买回来后放置一阵子，的确也可以减少农药的残留。

原因是残存在蔬果内部的农药，除了本身会自然分解、消散外，也会受蔬果酶的作用而分解，且在蔬果外部的农药会因氧化、光分解及蒸发的作用而消失。

只是不同的药剂残留时间长短不一，农产品耐放程度也不同，因此若采用贮放的方法，要注意应以不影响蔬果的质量及风味为前提，而不是为了让农药降解而进行长时间的贮放。

本书第二部分也针对部分较耐贮放的蔬果，提出以贮放的方式，减少农药残留的建议。

Q 22 万一无法确定自己买到的农产品农药残留是否合乎标准，该怎么办？

A 虽然本书所提出的清洗建议是针对在合法用药下、合法残留的农药清除方式，但是一般消费者在市场购买的农产品，除了贴有标签的有机农产品或是无公害、绿色农产品外，大部分均无法得知所购买的农产品农药残留检验是否合格，或是实际农药残留的情形。

有鉴于此，书中将针对各类型蔬果，提出接触型药剂及系统型药剂较常残留的部位与清除步骤，如此一来，即使我们在市场上买到了农药残留超过法定限量标准的农产品，但经过有效的处理后，也能将农药残留的风险降至最低。

Part

/

2

如何去除
农产品上的农药残留

残留与清除

残留量试验作物的分群，主要依据取食部位特性进行分组，并选择主要消费农产品、预期残留量高、经济价值高、栽培面积大或产量高的作物为该群组的代表作物，所以借由残留量试验作物群组化的概念，以各群组中的代表作物为例，将合法推荐于代表作物上的病虫害防治用药，依照其应用方式的不同，概括区分为系统型及接触型药剂两类。

由于系统型药剂具有较佳的亲水性，所以借由作物吸收进入植物组织中，再运行至植物各部位，此运行过程具有分散的作用，因此系统型药剂在植物体上比较不会有局部出现高残留量的情形，且因为是在植物体内分布，较少受外在环境影响（因雨水淋洗流失及因阳光照射分解），而植物体内复杂的植物生理代谢功能也有不同的分解代谢途径。

至于接触型药剂，则较不易在植株中运行，容易附着于植物表面或渗入植物表面蜡质中，因此接触型药剂会分布在喷施部位，药剂与作物接触部位就会有较高的残留量。虽然接触型药剂在外在环境中，直接面对雨水淋洗及光照分解，较易发生消散的情形；但若药剂理化性质较稳定，则反而不易分解，易有残留情形发生。

因此本文将依据作物分群原则，介绍该分群作物消费者取食作物的特性；再依据植物保护信息系统推荐的用于该代表作物上的药剂，区分其为系统型及接触型；根据农药可能残留部位，建议适宜的清洗去除步骤，并将清洗方法延伸应用至同群作物上的清洗及去除*，以作为消费者在食用相关农产品前清洗方法的参考与应用。

＊内文介绍主旨是将清洗方法延伸应用至同群作物上，并非指延伸作物会有与代表作物相同的农药残留情形。

Part
1
蔬果农药残留 22 问

Part
2
如何去除农产品上的农药残留

Part
3
网络追问，传言破解

清洗蔬果基本方法

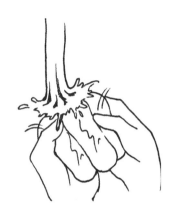

 冲洗清除接触型农药

冲洗是最基本的水洗法，要使用流动的水，才能利用水流带走残留药剂。

 搓洗清除接触型农药

除了以水流冲洗外，用手搓洗蔬果表面，可加强去除附着的农药残留。

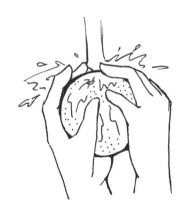

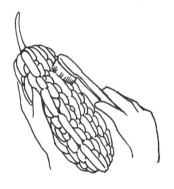

 刷洗清除接触型农药

对表面凹凸不平或者表皮坚硬的蔬果，可以使用刷子辅助，清除效果更好。刷子可用软毛刷或旧的牙刷。

切除清除接触型农药

根部、果蒂凹陷等部位，最好切除或挖除，以清除运送过程中的污染。

浸泡清除系统型农药

透过浸泡，能使水溶性的系统型农药溶出，浸泡时要搭配换水，才能切实降低残留。

加热清除系统型农药

以中小火加热数分钟，煮到水热，不用烧沸，即可沥干备用。可使系统型农药随蒸气消散。

作物群组
米类

1. 稻米
及陆稻、水稻等作物

担心指数 | 系统型 ♥♥♥
接触型 ♥♥♥

认识作物

稻米是许多人喜食的主食，但米
并不是以鲜食方式食用。稻作成熟之
后，人们将稻子收割，必须把稻谷自
稻穗上打下，接着进行干燥，以避免
稻米发芽。干燥的方式可以选择日晒
或机器干燥。

水稻

然后再将干燥的稻谷送到碾米场去碾制。碾米过程如果只去除
稻谷的外壳，就是糙米；如果进一步去除胚芽，只留胚乳部分，则
是精米。接着才是包装售卖。因此，米是在经过层层碾制的过程
后，才会到达消费者的手上。

而消费者买了米，回家后也不会生食，还要经过生米煮成熟饭
的步骤。所以，消费者唯一能进行清洗的步骤，就是在煮饭前的洗
米过程。米是人们的主食之一，也是各类农产品中取食量较高的。
就因为米的取食量大，即使农药残留极微量，也值得消费者重视。

这样洗才干净

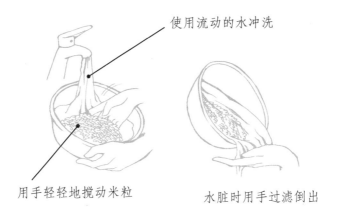

使用流动的水冲洗

用手轻轻地搅动米粒

水脏时用手过滤倒出

 冲洗

　　首先将米放在锅或盆内，用流动的水冲洗米粒，同时用手轻轻地搅动米粒，使其充分接触到水流，而在水快溢出盆子时，就将盆内的水倒掉；再将盆子放在水龙头下，用流动的水继续清洗，重复两三次。

🔲 浸泡

　　洗过几次后，让米浸泡在水中三至五分钟，然后将浸泡的水倒掉，再重复用流动的水冲洗数次，接着滤干水分，即完成清洗。

🔥 加热

　　加入适量的水，放入电饭锅中烹煮。米饭经过高温烹煮后，农药残留在烹煮过程中，可以随着蒸气加速消散。

五谷杂粮类

叶菜类

花果瓜菜类

豆菜芽菜类

根茎类

菇类

水果类

其他

农药如何残留

● 系统型药剂

残留在米中的药剂以系统型药剂为主，而稻米中可食的部分，占全部植株的比例不高，因为系统型药剂吸收后会分散于植株各部位，真正残留于米粒中的浓度不会太高，再加上系统型药剂大部分均易溶于水，煮饭前进行适当的清洗，不但可去除药剂残留，在碾米过程中混入的灰尘或是杂质，也可以利用洗米的过程去除。另外，经由烹煮的过程，即使清洗后还存留少量农药，也将分解消失殆尽。

● 接触型药剂

使用于稻作的接触型杀虫剂或杀菌剂，在施用时大部分针对地面上的部分喷施；除草剂则因针对的是杂草，较少直接对农作物喷施。就水稻而言，地上部分的作物在接触型农药直接喷洒于表面后，大部分会经由雨水冲洗掉或被阳光分解，即使有少量残留，在碾去外壳时也大部分被去除了，因此米中较少有接触型药剂残留的问题发生。

Part
1
蔬果农药残留22问

Part
2
如何去除农产品上的农药残留

Part
3
网络追问，传言破解

作物群组
麦粮类

2. 燕麦、小米、薏仁

及高粱、玉米粒、小麦、大麦、藜麦、黑麦、荞麦等

五谷麦粮

担心指数 | 系统型 ♥♥♥
接触型 ♥♥♥

认识作物

近年来，在均衡营养的观念影响下，以及人们更加注重健康高纤、多样谷类的摄取，所以五谷类在人们的食用量上逐年增加，例如，年轻人喜欢以小麦为原料的面粉类食物，注重养生的人们习惯食

高粱

用燕麦、薏仁等。而且，这些杂粮作物大量被用作制酒或是饮料的原料。因此，如同稻米一样，在作为主食的情形下，即使很微量的农药残留，也因为食用量大，而值得我们重视。

五谷类在售卖时大多经过去壳、干燥等处理，才能成为商品，如果在市面上购买五谷米，或单买小米、燕麦、藜麦等杂粮谷类，消费者在烹煮前只要切实清洗就不用担心药剂残留。不过，这类型农作物被食用部位虽然一样，食用方式却有很大差别，例如，小麦，人们一般直接购买面包、饼干等食品，或是选购已经磨制好的

五谷杂粮类

叶菜类

花果瓜菜类

豆菜芽菜类

根茎类

菇类

水果类

其他

面粉来烘焙糕点，鲜少有人直接买未加工的小麦来当食物食用。此时，就无法直接清洗小麦，面粉中的农药残留就只能交由政府相关部门抽检及由厂商的自主检验来把关了。

这样洗才干净

 冲洗

首先将要食用的五谷米放在锅或盆内，用流动的水冲洗谷粒，同时用手轻轻地搅动，使其充分接触到水流，水快溢出盆子时，小心将盆内的水倒出；再将盆子放在水龙头下，用流动的水继续清洗，重复两三次。

 浸泡

接着将五谷米浸泡在水中三至五分钟，然后将浸泡的水倒掉，重复以流动的水冲洗数次，滤干水分，即完成清洗。一般煮五谷米，烹煮前可以多浸泡一下，口感会更好。

浸泡时清水要盖过谷粮

加热

最后加入适量的水去烹煮，当经过高温炊煮后，就能使残留的药剂消散。

农药如何残留

● 系统型药剂

以类似米饭方式食用的麦粮类，通常消费者在市场上购买到的产品，大多数都已经过干燥或去壳等处理，因此以系统型的药剂为主要可能残留的农药类型。而系统型药剂大部分易溶于水，食用前只要加以清洗，不但可以清除农药残留，在干燥或去壳时产生的杂质也可以一并去除。经此过程后，再烹煮调理，就不用担心农药残留了。

● 接触型药剂

在接触型药剂方面，由于售卖前已经进行去壳或干燥等处理，几乎不会有农药残留在农作物表面，且在经过清洗后更不用担心。

五谷杂粮类

叶菜类

花果瓜菜类

豆菜芽菜类

根茎类

菇类

水果类

其他

作物群组
干豆类

3. 花生、黄豆
及红豆、绿豆、花豆、莲子、木豆、蚕豆、葵花子、芝麻等干豆类

担心指数	系统型	♥ ♡ ♡
	接触型	♥ ♥ ♡

认识作物

干豆类作物群组是在农作物里蛋白质及脂肪含量较多的作物分群，在亚群中划分为豆科及非豆科两类，作为延伸作物的依据。

花生

由于豆科植物种类繁多，植物生长样态多，从草本到木本、爬藤，甚至巨大树木都有。其应用更是多样化，可作为主要粮食、零食或制成糕饼、馅料、甜点；还有豆浆、豆腐、豆花、豆干等加工食品，是素食者最重要的蛋白质来源；大豆、花生等干豆类是植物性油脂的原料；甚至被当作绿肥，改善土壤性质，增加土壤肥力等。而在如此多样的农作物及在大量被应用的情况下，此一作物群组的"成员"，其实深入到人们饮食中每一个部分，也因此在平均摄取量上相当可观。

如果干豆类被当作加工食品及生产油脂的原料，其中农药残留须由政府相关部门以抽检方式及厂商的自主检验来把关。

消费者自市场上直接买到的五谷杂粮，自行烹调食用的部分，

如自制豆浆的黄豆、煮菜做零食的花生，以及黑豆、红豆、绿豆、花豆、木豆及莲子等，烹煮前可以进行处理及清洗以降低风险。

这些农产品中，大部分都是已经去除豆荚，如黄豆、绿豆、红豆及花豆等；而原本有外壳保护的莲子，由于已经是干燥状态，售卖、食用方式都与鲜食的豆类不同，因此将之归类于此群组，并以干豆类烹煮前的清洗方式为主。

这样洗才干净

清洗后要浸泡，水要盖过干豆

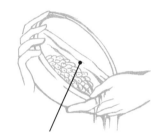
记得要将水沥干，并换水数次

 冲洗

首先是要洗去表面的灰尘，将干豆放入盆中，注入流动的水，同时用手去搅动洗涤，一边洗一边倒出脏水，重复数次后，水会变干净，就可以开始浸泡一段较长的时间。

浸泡

放入盖过干豆的清水，开始浸泡，过程中最好换水数次，更能将溶于水的农药清除。由于干豆类农产品经过干燥后，有的会有较硬的外表皮，清洗时要加强浸泡。不过，很多消费者利用大豆或黑

五谷杂粮类

叶菜类

花果瓜菜类

豆菜芽菜类

根茎类

菇类

水果类

其他

豆制作豆浆，或是烹煮红豆、绿豆、莲子等制作甜点，浸泡清水的时间长短，对后续煮食的风味或口感有影响时，可视情况斟酌调整。

农药如何残留

● 系统型药剂

由于经过去壳、干燥等处理过程，加上干豆类农产品通常体积小、表面光滑，并不容易自其他来源沾染上接触型药剂，因此干豆类农产品以系统型药剂为主要可能残留的农药种类。而系统型药剂具有易溶于水的特性，在食用干豆类农产品前，利用清洗冲涤、多次换水浸泡，可有效去除农药残留。

● 接触型药剂

干豆类作物，如大豆、红豆、绿豆……，消费者主要食用种子的部分，而在田间生长的状况下，这部分是被植物外部的外壳所严密包围住。例如豆类生长时，外面都有一层豆荚包着，即使如莲子或葵花子等非豆科干豆类作物，也都有莲蓬等外壳保护。

接触型药剂发生残留的主要部分是在作物表面，所以即使施用了接触型药剂，也不会直接沾染到里面的种子。但像花生或葵花子仍有许多在市场上是带壳售卖的，事实上花生是在地底下成长，而葵花子则深藏在向日葵花里，接触型药剂在这些作物上残留的情形并不会太严重。

Part
1
蔬果农药残留 22 问

Part
2
如何去除农产品上的农药残留

Part
3
网络追问，传言破解

作物群组
麦粮类

4. 新鲜玉米

担心指数 | 系统型 ♥♥♡
接触型 ♥♡♡

认识作物

玉米是世界性的农产品，在国际上通常作为饲料或加工成淀粉，以提供食品或是其他工业用原料为主要用途。

玉米

在台湾地区，玉米与花生这类麦粮作物，除以制粉、五谷杂粮或干豆的方式食用外，大部分是以新鲜农产品在市场售卖，我们也多以鲜食为主。因此，所栽培玉米品种多为适合水煮或烧烤的甜玉米，或是超甜玉米，甚至是可以生食的水果玉米。

鲜食玉米应该是消费者最常提出农药残留疑虑的农产品之一。坊间很多说法指出玉米的农药残留量较多，农民在玉米上会施用较多的农药，施用方式是直接浇灌在玉米里，等等，大大增加了消费者食用新鲜玉米的担忧。但事实上，玉米的农药残留项目或是残留量并不比其他农作物多。

此外，一般玉米生长后会有多个果穗，但通常仅留下一至两根，其他则须摘除，而这些小果穗摘下后，去除外叶及玉米须，可

五谷杂粮类

叶菜类

花果瓜菜类

豆菜芽菜类

根茎类

菇类

水果类

其他

供食用，即俗称的玉米笋；所以，如今也多有专供生产玉米笋的品种，以多穗多产为主。

很多人都是买新鲜玉米回家处理烹调，而如果是像这样直接消费农产品，在食用前的清洗工作，相对就要更加费心及仔细。

这样洗才干净

 干刷

从市场买回外面包叶仍在的玉米时，先不要用水洗，而是将外面的灰尘拍除，并最好用刷子刷掉上面的粉尘。

 剥除

接着将外面的包叶剥去数层丢弃，在进一步处理之前，记得先把刚才接触过玉米外层包叶的双手洗干净。

 切除

无论是要做水煮玉米，或者切块煮，都要将底下突出的轴部切除。

 刷洗

要切块食用的话，就将较内层包叶完全剥除，把玉米放到水龙头下面，一边以小水流冲洗，一边用软毛刷仔细刷洗玉米粒间隙，最后才切块。如果连包叶一起做水煮玉米，则把叶子剥至剩下最后一层，置于水龙头下反复冲洗数次；或将包叶先翻开刷洗缝隙，再覆上包叶。

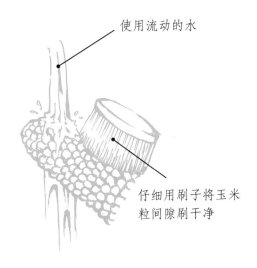

使用流动的水

仔细用刷子将玉米
粒间隙刷干净

🔥 加热

玉米经由烹煮的过程，也能使药剂残留消散。而细嫩的玉米笋，可用加热方式处理，用清水冲洗，用软毛刷轻刷表面，放入锅中加水，微火加热数分钟后，不必等到水沸，即可取出沥干，这样就能清除农药残留了。

农药如何残留

● 系统型药剂

系统型药剂会由根部吸收后转移至玉米全株，虽然具有分散的效果，但因为植株在玉米成长期会将能源运送至玉米穗，以供其成

五谷杂粮类

叶菜类

花果瓜菜类

豆菜芽菜类

根茎类

菇类

水果类

其他

长，药剂自然较容易往玉米穗的部分集中。而由于玉米穗还包括穗轴及玉米粒，系统型药剂在穗中的残留也会分散在穗轴及玉米粒上，还好我们取食的玉米粒只占整株玉米的一小部分。

进入玉米粒的部分系统型药剂，很难以清洗的方式去除，但可以利用烹煮方式促进其消散。因此，除非确认所购买的玉米为有机方式栽培，不然不建议生食。

● 接触型药剂

接触型药剂很容易积累在外面的包叶与玉米穗长出的位置，必须特别注意清洗。尤其玉米在未剥除包叶就烹煮的情形下，更需要在食用前仔细清洗。

作物群组
包叶菜类

5. 卷心菜、包心白菜
及结球莴苣、芥菜、球芽甘蓝等十字花科包叶菜类

Part
1
蔬果农药残留22问

Part
2
如何去除农产品上的农药残留

Part
3
网络追问，传言破解

担心指数	系统型 ♥♥♥
	接触型 ♥♥♥

认识作物

包叶菜类菜如其名，从外观上看，叶片是一片包着一片。常有人问：是外面叶子先长出来，还是里面的呢？答案是由内向外生长。所以最先长出来的叶子在最外层，然后内侧心叶再慢慢自内向外长，家中常吃的包心白菜、圆白菜等，都是属于包叶菜类。

卷心菜

由于包叶菜食用部分几乎就是整个植株，而且全部都长在地面上，系统型药剂被吸收后，并没有办法因分散到植物的不同部位，而减少被我们吃下去的风险；再加上病虫害也是侵袭叶子部分，所以也会施用接触型农药。虽然包叶菜层层包裹着，看起来很干净，但为了清除农药残留，食用前切实清洗仍是非常重要的工作。

五谷杂粮类

叶菜类

花果瓜菜类

豆菜芽菜类

根茎类

菇类

水果类

其他

这样洗才干净

 剥除

市场上售卖的包叶菜类蔬菜，大部分已剥除最外层老叶，一般消费者烹煮前会再把外层较不好的叶片摘除，这样是正确的做法。因为这些叶片在售卖前剥除外叶的过程，也会与外叶有接触。

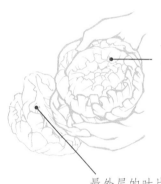

包叶菜类蔬菜的叶子要一片片剥下来洗

最外层的叶片最好剥除丢弃

 冲洗

如果一次无法使用整颗，可以依需要的分量，以菜心为中心，分切成四分之一颗或半颗，将要食用部分自外向内一片一片拆成单片，分别以大量的清水冲洗。特别是与菜心连接的基部，叶梗部分要加强冲洗，以冲去少量可能自叶片间隙渗入的药剂。

浸泡

接着用清水浸泡三至五分钟，将水倒掉，冲洗，然后重复浸泡、冲洗的动作，反复几次，最后切成需要烹调的大小，开始料理。

农药如何残留

● 系统型药剂

叶菜类取食部分几乎是植物地上部的全部，系统型药剂即使分散，也都是在取食部分，因此，容易发生系统型药剂残留的就正好是取食部分。所以，农民栽种时的病虫防治是否遵照安全采收期的规定，是农药残留的关键因素。

● 接触型药剂

接触型药剂在施用时，是针对我们要取食部位进行防治，而所幸包叶菜类叶部是层层包裹住的，接触型药剂的残留以外层的叶片表面为主。但是，虽然是层层包裹的叶部，叶片与叶片之间仍有间隙，施用药剂时，经由叶间的小间隙，也会有少量药剂循缝隙进到叶的基部。

6. 菜花、西蓝花

担心指数	系统型 ♥♥♥
	接触型 ♥♥♥

认识作物

同属十字花科的菜花、西蓝花，也是包叶菜类群组的一员。不同的是，食用部位是花的部分，而不是叶部。

菜花

农民在种植菜花苗后到形成花蕾这段时间，田间用药的目的都是针对叶部的保护，等到菜花长出可以食用的部分后，部分农民会在小花球上覆盖不织布，以减少喷洒农药时沾染或残留在花上。

不过，虽然农民多做了一道防护，农药还是有可能因飞溅或从空隙中流入而在菜花上累积，所以清洗的工作不可忽略。而菜花的花朵又密又多，更增加了清洗上的难度，这也是非常困扰消费者的问题。

五谷杂粮类

叶菜类

花果瓜菜类

豆菜芽菜类

根茎类

菇类

水果类

其他

这样洗才干净

Part
1
蔬果农药残留22问

Part
2
如何去除农产品上的农药残留

Part
3
网络追问，传言破解

 冲洗

在清洗步骤上，先以接触型药剂为目标，因此首先用清水轻轻冲洗上方花朵部分，水流不能太大，不然花朵会掉落。手持花梗，花朵斜向上30°角，于水龙头下旋转冲洗数圈。

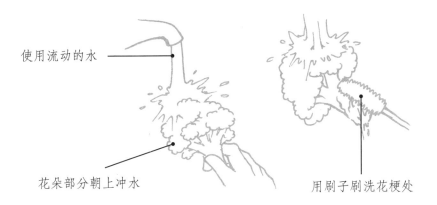

使用流动的水

花朵部分朝上冲水

用刷子刷洗花梗处

 刷洗

完成冲洗后，将其切分成烹调需要的大小，使用小毛刷于水龙头下以较小的水流，一边冲洗、一边从花的部分往梗端轻轻刷洗，这样就能清除接触型药剂的残留。

 加热

菜花的系统型药剂则以加热方式促进其消散。做法是将清洗后的菜花，切成适当大小放入锅中，注入清水直到淹过菜花，然后以

065

微火加热数分钟（不必到水沸），取出沥干即可。

农药如何残留

● 系统型药剂

菜花、西蓝花虽然食用花的部分，但在收成时，整朵"花"占了植株地上部分极大比例，即使系统型药剂会移动分散，我们取食的部分所占比例也很高，因此，系统型农药的残留量控制，得有赖农民确实遵照安全采收期进行采收，这是减少农药残留的最关键因素。

● 接触型药剂

虽然接触型药剂以喷洒在作物的叶面为主，但也很容易飞溅及飘散至花朵部分，菜花、西蓝花成长的方向是往上，花朵的面积也不小，在上方喷洒药剂时，很容易落在花朵的部分，药剂残留的概率很大；而花梗则以喷在叶片飞溅附着，或从缝隙流入的情形为主。

7. 小白菜、青江菜、菠菜
及莴苣、红凤菜、油菜、芥蓝菜等叶面较大的叶菜类

Part
1
蔬果农药残留 22 问

Part
2
如何去除农产品上的农药残留

Part
3
网络追问，传言破解

担心指数 | 系统型 ♥♥♡
接触型 ♥♥♡

认识作物

小叶菜类可用叶片的大小区分为两类，其清洗的方式各有不同，在此先说明叶面较大的种类，如小白菜、青江菜等，食用部分包括叶部、叶柄、嫩茎等植物营养生长的部分，全株除根部外，几乎皆可食用。

菠菜

采收的时候，长出的叶片多寡、大小及重量，关乎产量的高低，而质量则着重在鲜嫩爽脆。一般农民在采收时，并未有明确的产量或质量标准，若提早采收，新生叶片较鲜嫩，但叶片小又比较少，重量自然不重；相反，如果重量较重，又可能吃起来不够鲜脆……何时采收全靠农民自己掌握。

由于小叶菜类生长期的长短会受到光照、温度、水分、养分等条件所影响，有时在夏季生长条件很好的状况下，20天左右即可采收。在这么短的栽培期使用农药，必须以安全采收期极短的药剂为

五谷杂粮类

叶菜类

花果瓜菜类

豆菜芽菜类

根茎类

菇类

水果类

其他

主。但也因为没有固定的采收时间，有时甚至会提前采收，所以常有农药残留抽检不合格的事件传出，在清洗上要特别注意。

这样洗才干净

 切除

处理小叶菜类中叶面较大的蔬菜时，要注意买回来后，根部先冲洗一下，然后才将接近根部处切除。

 搓洗

接着把叶片一片一片剥开，置于水龙头下用小水流冲洗。因叶菜类基部容易积污，所以冲洗时，以叶朝上、柄朝下的方式，同时，用手指轻轻搓洗叶柄部分，将所有叶片的叶柄搓洗完毕，再全部快速冲洗一次，然后沥干，即可进行烹饪。

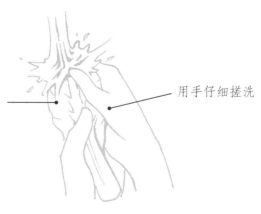

在水流中叶片朝上　　　　用手仔细搓洗

农药如何残留

● 系统型药剂

食用部位主要为叶部，也可以说是生长在地面上的全部，系统型药剂无法因扩散而降低风险，所以要特别注意系统型药剂的残留。最好能在购买时，选择合乎安全采收期规定的农产品，或购买有安全认证的蔬菜。尤其这类蔬菜中有以生菜方式食用的品项，例如莴苣，由于少了加热增加药剂消散的步骤，更需要特别留意采购时的质量要求。

● 接触型药剂

如果需要施用接触型的农药，喷洒范围会遍及整个叶面，也就是我们食用的部分，再加上不像包叶菜类有层层叶片包围，食用部位就直接暴露在药剂下，而药剂配方也以尽量朝能有效附着在叶面上去设计，因此附着量非常可观，清洗时除了使用流动的水外，还要仔细搓洗。

五谷杂粮类

叶菜类

花果瓜菜类

豆菜芽菜类

根茎类

菇类

水果类

其他

作物群组
小叶菜类

8. 茼蒿、空心菜、龙须菜

及红薯叶、芹菜、山茼蒿、芫荽、罗勒、香椿等叶面较小较嫩的叶菜类

担心指数 | 系统型 ♥♥♡
接触型 ♥♥♡

认识作物

小叶菜类可以说是我们日常生活中最常吃到的"绿色蔬菜"，有的叶片大，有的叶面细小，因此清洗方式有所不同，在本篇中以叶面较细小的叶菜为主。

空心菜

这类蔬菜主要食用茎、叶或陆续摘取的嫩叶，如红薯叶、空心菜，都是便宜又常见的蔬菜，也是夏季的主要蔬菜，不只是在家里或餐厅，甚至在路边摊上都能经常吃到。

不过，叶菜类食用部分几乎是农作物地面上的全部，从茎到叶都可食用，农药残留不可避免。每逢冬季，茼蒿菜常常伴随着农药残留的新闻与火锅一起上市，大家在大快朵颐之际，不免也感到提心吊胆。此外，还有些不是整株收成，而是陆续采收细嫩叶部，就可能会产生连续采收型作物的问题。

叶面小的蔬菜，叶子柔软细嫩，很难以搓洗方式洗净，但也不可因为叶子小就掉以轻心，可以使用浸泡的方式，帮助农药溶出。

建议在烹调这类叶菜时，最好提前处理，不要在下锅前才急急忙忙地随便冲洗。要记得先经过冲洗、浸泡，将青菜洗干净，再开始摘除老叶与切段的作业。

这样洗才干净

 切除

近根部的部位先用清水冲洗干净，然后切除。市面上售卖的空心菜与红薯叶等根部已经切除的种类，买回来之后最好再切除一小段。

冲洗

由于叶子细嫩，稍用手搓就会破裂，有的放在水龙头下冲洗，仍然无法展开细叶。此时，可加上水盆的辅助，开着水龙头，以小水流慢慢注入水盆，然后先取三至五片叶的量，手握叶柄部分，将叶面倒置于水中，一面搅动一面冲洗，如果水变得太脏就倒掉，再接水反复数次，直到洗去上面的泥沙与部分农药。

浸泡

接着把所有的菜放到盆中，将水盖过青菜浸泡约20分钟。浸泡时，可以稍微用手轻按，让菜在水中利用压力和浮力清洗表面。建议期间换水数次。

以水盆辅助，将叶片放到水
中搅动，叶片就能伸展开来

农药如何残留

● 系统型药剂

食用部位主要为茎、叶，也可以说是地面上的全部，系统型药剂无法经由分散降低风险，最好购买时就选择合乎安全采收期规定的农产品，或者购买有标章认证的蔬菜。

● 接触型药剂

如果是以喷洒接触型农药来保护蔬菜，喷洒的范围通常会遍及整个叶面，由于不像包叶菜类有层层包围的外叶，我们所食用的部位就直接暴露在药剂下。为了有良好的保护效果，药剂配方需要能有效附着在叶面上，因此叶子上的农药附着量非常可观。清洗时，除了用流动的水外，还要多冲洗几次。

作物群组 小叶菜类

9. 韭、蒜、葱
及韭黄、韭菜花、毛葱、香葱等葱科辛香类蔬菜

担心指数 | 系统型 ♥♥♡
| 接触型 ♥♥♡

认识作物

韭、葱、蒜等具有辛香味的蔬菜也是小叶菜类作物，叶部直立生长是其特色，而且除韭菜外，其他都是连地下鳞茎一起食用。韭菜不但可以连续采收，花期时还能采收含苞的韭菜花；如果在种植时加以遮光，让叶部黄化，即成为另一种特殊风味的蔬菜——韭黄，因此韭菜在这个类别里算是比较特殊的一种。

韭菜

蒜与葱类，种植时怕淹水、怕高温，采收后不耐贮放。如果采收地下鳞茎的葱头或蒜头，则是列在根菜类，其处理方式与根菜类较为相近，在此以鲜食，甚至生食为主。

市场上售卖的新鲜葱、蒜等葱科作物在采收后，农民都会先用水清除根部的土壤，希望让产品外观看起来更干净，才能获得消费者的青睐，卖出较好的价格，但是初步清洗仅止于洗去外部尘土，用来清洗的水，水质好坏无从得知，而清洗过程中的碰撞或挤压，容易造成农作物擦损或是折断，都会使农产品更不易保存，且可能

五谷杂粮类

叶菜类

花果瓜菜类

豆菜芽菜类

根茎类

菇类

水果类

其他

会互相沾染上药剂。所以要特别提醒大家，市场买到的葱、蒜，即使看起来再翠绿、鲜白，也务必经过仔细清洗步骤，才能食用。尤其是要作为生食时，更要特别注意多加洗涤，以维持食用的卫生。

如果消费者能接受葱或蒜的根部残留少许土壤，农民收成后就只需要将土壤拍落，不必用水去清洗，消费者也可以不必担心运送过程的污染，只要在农作物上残留的重点部位进行清洗工作即可。

这样洗才干净

 切除

先以水清洗表面，然后切除根部，稍微剥除外侧老叶，往下撕去，一并剥除鳞茎处外部薄膜。

 搓洗

手持底端部分，置于水龙头下，将根部朝下，用小水流由根部往绿色叶子部分来回冲洗，同时用手顺搓数次。如是葱、蒜，则用手将鳞茎膨大的部分仔细搓洗干净。

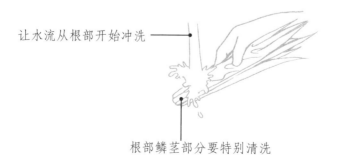

让水流从根部开始冲洗 ⟶

根部鳞茎部分要特别清洗

农药如何残留

● 系统型药剂

因为地下鳞茎膨大，且具有密实的须根，容易吸收系统型药剂再分布至全株。虽然市场上大部分的葱在收成时已经洗去根部夹带的土壤，但由于此类作物采收后，生鲜保存不易，消费者都是新鲜食用，加上部分采用生食，因此清洗的工作相当重要。

至于韭菜，则是多年生连续采收作物，但由于有较固定的采收时程，农药残留情形并不如其他同一时期有不同成熟阶段的作物那般复杂，但同样在食用前必须经过仔细清洗，以减少农药残留。

● 接触型药剂

葱及蒜为直立叶生长形态，接触型药剂不易均匀附着于叶部，喷施后会向下流动到较接近地下茎的部位，因此接触型药剂的残留较易发生在基部位置。有消费者担心此类作物叶部中空部分是否会有农药残留，实际上在田间生长时，叶部上端是密合的状态，药剂并没有孔洞可以进入，不需要担心这样的问题。

五谷杂粮类

叶菜类

花果瓜菜类

豆菜芽菜类

根茎类

菇类

水果类

其他

作物群组 果菜类

10. 番茄、甜椒、茄子
及辣椒、枸杞、野茄等茄科，秋葵、洛神葵、黄花菜等花果菜类

担心指数 | 系统型 ♥ ♥ ♥
接触型 ♥ ♥ ♥

认识作物

除了叶菜之外，有些蔬菜食用的是果实，由于特色与清洗方式类似，将之归于一类。这类农作物多半为连续采收的作物，特色是收获期较长，果实成熟速度不一致，同一株上有部分果实已经成熟，但有些则仍在开花或是幼果期，同时采收几乎是不可能的，因此施用农药

甜椒

后，无法等到过安全采收期再一起采收。而金针花、洛神葵虽是花朵，由于性质类似，在此一并说明。

因此，连续采收作物在病虫害防治上有实际的困难，是最常被检验出农药残留超过标准的农作物。其中的番茄、甜椒等，常用来做生菜沙拉，以生鲜的方式食用，番茄更是常被当成水果直接拿来吃，所以清洗工作更加重要。

Part
1
蔬果农药残留22问

Part
2
如何去除农产品上的农药残留

Part
3
网络追问，传言破解

这样洗才干净

 贮放

系统型的药剂残留可通过贮放的方式，由植物本身内部酶降解所吸收的农药。贮放的时间至少3天，如果贮放期过短，农药降解效果不明显；但也要注意时间过长，蔬果风味会改变。冷藏或室温贮放都可以，但绝对要注意保持蔬果的鲜度，避免发生腐败或是发霉的情形，反而影响食用安全。

 冲洗

食用前，先用流动的水将外表冲洗干净。大的果实，一边冲水，一边用手搓洗，或用软毛刷刷洗；细小的果实则放在盆子里，注入流动的水，同时用手搅动清洗。

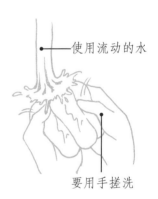

使用流动的水

要用手搓洗

 浸泡

无法刷洗或搓洗的小果实类，可以搭配浸泡清除农药残留。针对干燥金针花上的二氧化硫等添加物，也有去除效果。

 切除

果实如果有凹凸不平的蒂头，清洗之后要将蒂头切除，更能避免风险。

农药如何残留

● 系统型药剂

植物借由果实来保护及传播种子以繁衍下一代，虽然果实并不是植物的贮藏器官，但当果实开始形成时，植物仍然会将许多有利于传播种子的成分往果实输送，所以果实就会有各式不同的风味及养分。但是在这些输送过程，同时也会把许多农药传送到果实中，因此系统型药剂在果菜类作物里，残留情形十分常见。

● 接触型药剂

为保障收获的质量，接触型药剂会直接喷施在果菜类要收成的部位，也就是我们所食用的果实。再加上这类农作物多数是连续采收型，收获期间较长，施用药剂稍有不慎，就很容易发生药剂残留。即使农民特别选用安全采收期很短的药剂，但仍然时有药剂残留的检出，因此取食这一群组的蔬果之前，一定要仔细清洗，以减少农药残留的风险，增加食用的安全性。

Part
1
蔬果农药残留 22 问

Part
2
如何去除农产品上的农药残留

Part
3
网络追问，传言破解

11. 莲花、野姜花

及百合花、玫瑰、兰花、茉莉花等可入菜花卉

担心指数 ｜ 系统型　♥ ♥ ♥
　　　　　　接触型　♥ ♥ ♥

认识作物

近年来有越来越多以花卉入菜的创意，在各地方推广旅游发展之际，野姜花、莲花等料理已成为当地饮食的特色，如野姜花粽子、莲花餐等。

但并不是所有花卉都可以入菜，食用花卉有一定的规范。（金针花、洛神葵

野姜花

食用方式，并非只是点缀，而是整朵花都吃下去，较类似于果菜类。因此，此类食用花的清洗说明，请详阅本书第76页〈番茄、甜椒、茄子及辣椒、枸杞、野茄等茄科，秋葵、洛神葵、黄花菜等花果菜类〉一文。）

另外，香辛植物及其他草本植物也涵盖了许多被归类于药食两用的中药材，这些药食两用的香辛植物，常用于日常食用的卤味、麻辣锅，或是冬令进补时添加的食材，例如常见的八角、小茴香、砂仁等。

这样洗才干净

 冲洗

花朵非常细致，无法用刷子清洗，必须温柔地捧到水龙头底下，以较小的水流，从各个方向冲洗。

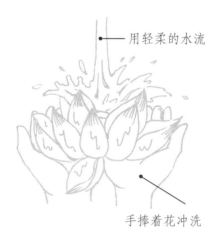

用轻柔的水流

手捧着花冲洗

🔲 浸泡

置于水盆中以清水浸泡，并偶尔以手搅动，数分钟后将水沥干，再加入清水，重复浸泡→搅动→换水的步骤数次，这个方法除了可以洗掉附着的农药，对于清除可能残留的二氧化硫等添加物也有效。而用于五香调味料或是进补用的中药材，也可以用这种方式浸泡；若是购买时药材已包裹在棉布袋中，则整包置于水龙头下以水流冲洗，可将干燥过程中沉降在上面的灰尘等污物冲去。

农药如何残留

● 系统型药剂

这个分类群组食用的部位有叶、茎、根、花、种子等，系统型药剂残留的部位不易区分，而系统型药剂主要是经由植物吸收后在植株内分布，所以在此分类群组中，就将其视为在食用部位的内部。

● 接触型药剂

接触型药剂施用后在植物表面分布，因此主要分布在植株的外部，在这分类群组中有些种子或花卉，受到种皮或花萼的保护，并未暴露在外；至于叶部附着接触型药剂的机会，又大于茎部及根部，很难判断残留最多的部位。所以在这一分类群组中，将食用部位的外表，视为接触型药剂可能附着的位置。

五谷杂粮类

叶菜类

花果瓜菜类

豆菜芽菜类

根茎类

菇类

水果类

其他

作物群组 瓜菜类

12. 小黄瓜、苦瓜、丝瓜

及南瓜、冬瓜、越瓜、节瓜、瓠子、佛手瓜、大黄瓜等瓜菜类

担心指数	系统型 ♥♥♡
	接触型 ♥♥♡

认识作物

瓜菜类种类很多，如小黄瓜、冬瓜、南瓜、瓠子、夏南瓜、佛手瓜、丝瓜、越瓜及苦瓜等。虽然同属瓜类作物，但有的必须经过加热烹调，有的常生食；有的要去皮食用，有的则不用去皮。

丝瓜

大部分瓜菜类作物属于连续采收作物，收获期较长，果实成熟速度不同，如有些瓜果已成熟，有些则仍在开花或是幼果期，不可能同时采收，因此若有施用农药，很难全部都在安全采收期内采收。连续采收作物在病虫害防治上有实务性的困难，也常听闻农药残留检验不合格的事件，所以除了食用前的清洗工作很重要外，能去皮的就尽量去皮食用比较好。

这样洗才干净

 贮放

瓜菜类具有耐贮放的特性，依不同作物的状况将其置于通风凉爽的室温下数日，可以降解系统型农药残留。虽然瓜果较耐贮放，但仍要注意保持蔬果的鲜度，避免发生腐败。

 刷洗

食用前先用清水冲洗。将蒂头朝下，用清水冲洗至尾端后，用软毛刷仔细刷洗，尤其是表面有突起或凹陷的蔬菜，如苦瓜、小黄瓜等。

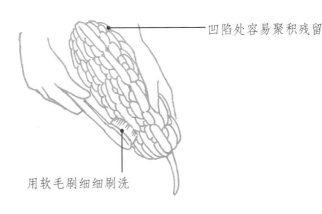

凹陷处容易聚积残留

用软毛刷细细刷洗

 切除

清洗干净后，如有蒂头部分则切除，如小黄瓜、苦瓜的两端。

五谷杂粮类

叶菜类

花果瓜菜类

豆菜芽菜类

根茎类

菇类

水果类

其他

 去皮

必须去皮食用的，去皮前切记要先将表皮冲洗干净，以免在削皮或切片过程中，把附着在瓜果表面的农药、微生物，经由刀具沾染到果肉。特别是外表不平或多细毛的瓜果，更容易沾附农药，一定要清洗、去皮后食用。

农药如何残留

● 系统型药剂

瓜菜类作物是食用果实部位，植物在养分输送与累积过程中，同时也会把许多药剂往果实中传送，因此系统型药剂在瓜菜类作物里残留情形也很普遍。这是因为瓜类通常较为硕大，生长期很长，较大型的瓜虽可能对吸收进去的农药会有稀释效应，但长时间的累积，可能会聚积更多样的药剂，如果使用的系统型药剂消退时间稍长，就会有残留的情形出现。

● 接触型药剂

瓜菜类大部分需要去皮食用，接触型药剂被摄入体内的机会很少。不过，还是有少部分的瓜菜类作物是带皮食用，如小黄瓜、苦瓜。尤其是小黄瓜，常在台风季节价格大涨，造成农民抢收，这种状况下可能会因消退时间不足，而造成药剂的残留。

作物群组
豆菜类

13.毛豆、御豆
及青豆、蚕豆、鹰嘴豆、花豆等去荚后食用的豆仁

担心指数	系统型	♥ ♥ ♥
	接触型	♥ ♥ ♥

认识作物

豆菜类是以收获豆荚或豆子为食材的蔬菜。部分豆菜类属于连续采收作物，如同瓜菜类的小黄瓜一样，栽培时在同一株作物上，同时会有已经成熟可采收的豆荚及尚在成长的豆荚，还有一些才正开花授粉。简单地说，就是可以采收的部分和不能采收的部分同时存在。

毛豆

在采收时，若农民未能有效地管理农药喷洒，已成熟可采收的部分就会暴露于农药中，容易导致农药残留超标。市面上豆类蔬菜有去豆荚食用与不去荚食用的，通常去荚食用的在农药风险上较低。本篇则针对去荚食用的豆仁，说明农药残留状况与清洗的方法。

这样洗才干净

 冲洗

将豆子放入盆中，注入流动的水盖过豆子，并用手搅动，让豆子在盆中透过水流清洗，其间视情况将水沥干，再重复接水→搅动清洗→沥干的动作数次。

 浸泡

用清水浸泡20~30分钟，浸泡过程中，大约10分钟换水一次。

 加热

由于许多豆菜上有一层较厚的种皮，用水在短时间内其实无法将里面的系统型农药浸泡出来，此时可利用加热方式促进其消散。方法是将浸泡后的豆子沥去水分，放入锅中，另外加清水，以微火加热；不必等到水沸，水温热数分钟后，即可取出沥干进行烹调。

水温热下
煮数分钟

小火加热

农药如何残留

● 系统型药剂

瓜、果、豆菜是三种代表性的连续采收作物，若用药稍微不慎，农药残留的情形就很容易发生。而去豆荚食用的豆菜类，接触型药剂在外荚部分已经除去，因此以清洗系统型药剂为主。

● 接触型药剂

由于去豆荚食用，接触型药剂的残留机会很少。

五谷杂粮类

叶菜类

花果瓜菜类

豆菜芽菜类

根茎类

菇类

水果类

其他

作物群组 豆菜类

14. 四季豆、豇豆
及豌豆等连荚食用豆类

担心指数 | 系统型 ♥♥♡
接触型 ♥♥♡

认识作物

豆菜通常都是连续采收，植株上会同时有各种不同成熟度的作物，可以看到成熟豆荚、幼小刚发育的豆荚与刚开的花朵，实际操作中很难掌握施用农药的时间与间隔，无论是系统型或接触型农药，残留药剂的概率都很高。

尤其是四季豆与豇豆等豆菜，是连着豆荚一起食用，为了避免农药残留的风险，要特别注意清洗。

豇豆

这样洗才干净

 刷洗

水龙头开启小水流，将豆菜放在下面冲洗，用软毛刷刷洗豆荚表面，包括两端与中间筋丝凹陷处，都要仔细刷干净。

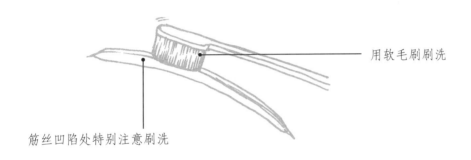

用软毛刷刷洗

筋丝凹陷处特别注意刷洗

 浸泡

然后将洗好的豆菜放入盆中，用清水浸泡约30分钟。在浸泡的过程中，约10分钟要换水一次。

 摘除

去除两端蒂头，如有筋丝也一并撕下。需要切段的豆菜，如豇豆等，留到最后再切，才不会被污染。

五谷杂粮类

叶菜类

花果瓜菜类

豆菜芽菜类

根茎类

菇类

水果类

其他

 加热

将豆菜入锅，放入清水加热数分钟，让豆菜在温热的水中发散残留药剂，不用等到水沸，就可取出沥干。

农药如何残留

● 系统型药剂

瓜、果、豆菜是三种代表性的连续采收作物，不论是系统型药剂或接触型药剂，若用药稍有不慎，就很容易会发生农药残留。

● 接触型药剂

豆菜类作物因为是连续采收，农药残留的概率一向不低，其中连豆荚一起食用的豆菜类，更是需要多加注意。尤其大部分的豆荚是朝下生长，而农药喷施后会慢慢流动，聚集在豆荚下部尖端处，最好清洗后摘除。

Part
1
蔬果农药残留 22 问

Part
2
如何去除农产品上的农药残留

Part
3
网络追问，传言破解

作物群组
芽菜类

15.黄豆芽、绿豆芽
及萝卜缨、苜蓿芽、豌豆缨等芽菜类

担心指数　　系统型　♥♥♥
　　　　　　接触型　♥♥♥

认识作物

芽菜类泛指以种子发芽后所长出幼芽为食材的蔬菜，最常见的如豆芽菜。由此类的延伸作物中即可发现，芽菜类其实不局限于豆科，除了绿豆和黄豆外，其他禾本科、十字花科，例如小麦、荞麦、萝卜等，均可培育成芽菜食用。

黄豆芽

其中有部分是食用尚未绿化的幼芽，如黄豆芽、绿豆芽；或是已经开始绿化的幼苗，如小麦苗、苜蓿芽、豌豆缨及萝卜缨等。

由于植物幼苗成长期长势旺盛，普遍具有较强的植物酶活性及较高的营养成分，而豆科更是含有丰富的植物性蛋白质，所以芽菜又被视为对健康有益的农产品。

台湾在台风季节后，田间农作收成受损，常造成菜价大涨，许多民众在蔬菜供应短缺、菜价上涨时，也会用芽菜替代叶菜类。

由于芽菜生长期短，培育过程几乎不需使用肥料、农药等化学药剂，加上培育方法简单、生长快速，环境要求也不高，在市场上

五谷杂粮类

叶菜类

花果瓜菜类

豆菜芽菜类

根茎类

菇类

水果类

其他

有许多套装设备售卖，提供消费者在家中自行培育，甚至还有书籍教人们自行在家栽种的方法。

其实无论是否为自行培育的芽菜，几乎都不需要担心农药残留问题，但基于保存需要，部分芽菜使用的种子会以药剂杀菌，因此食用前也必须清洗。

这样洗才干净

 冲洗

由于部分芽菜细小，难以个别清洗，建议置于网状洗菜篮中，在水龙头下冲洗数分钟，且冲洗时要轻轻翻动。

像这样的清洗方式，对于部分植物生长调节剂，或是常见的漂白用添加剂，如亚硫酸盐等，都有很好的清除效果。

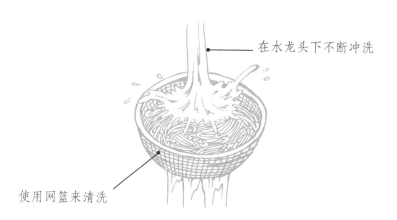

在水龙头下不断冲洗

使用网篮来清洗

农药如何残留

● 系统型药剂

芽菜的生长期短，基本上并不需要施用农药。虽然坊间有传言部分芽菜在培育过程中，会使用植物生长调节剂，但是从政府各单位的抽检结果中，并未发现芽菜类作物有此类药剂的残留。

● 接触型药剂

目前芽菜的栽培应该是农药使用情况最少的。但是在市场上售卖芽菜时，商贩所摆放的位置或方式都有可能让芽菜受到污染，因此买回去后仍必须清洗再食用。

Part
1
蔬果农药残留22问

Part
2
如何去除农产品上的农药残留

Part
3
网络追问，传言破解

作物群组
根茎菜类

16.胡萝卜、萝卜
及山葵、芜菁等十字花科根茎类蔬菜

担心指数 | 系统型 ♥ ♥ ♥
接触型 ♥ ♥ ♥

认识作物

十字花科根菜类作物以根为食用部分，其最大特色是大多生长于土壤中，而这类蔬菜的根部也是植物养分的储存位置。在病虫害防治技术上，部分与十字花科小叶菜类的方法相似，差别只在收成的是地上部分或地下部分而已。另外，胡萝卜虽不是十字花科，其外形、生长形态都和萝卜相似，也以相同的方法清洗，在此一并说明。

而萝卜的食用除了地下的肉质根外，也有人食用地面上的萝卜叶，萝卜叶的清洗方式可以参考第67页〈小白菜、青江菜、菠菜等叶面较大的叶菜类〉一文。

萝卜

左侧标签栏：五谷杂粮类　叶菜类　花果瓜菜类　豆菜芽菜类　根茎类　菇类　水果类　其他

这样洗才干净

 干刷

根茎类蔬菜买回后，表面可能带有土壤，如不立刻食用，先不要用水洗，可轻拍或用刷子刷除。

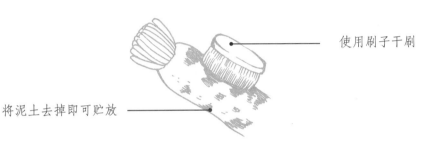

将泥土去掉即可贮放 ——

—— 使用刷子干刷

 贮放

胡萝卜、萝卜在常温下很耐放，在凉爽通风的地方放3天，可以促进农药降解。

 刷洗

食用前在流动的水下仔细刷洗表皮，由于根茎类作物的表皮通常较厚，可在冲洗同时用刷子刷干净。

 切除

将蒂头切掉，去皮，切成烹调用的大小，就可以开始烹煮了。

五谷杂粮类

叶菜类

花果瓜菜类

豆菜芽菜类

根茎类

菇类

水果类

其他

农药如何残留

● 系统型药剂

系统型药剂是经由作物吸收后，转移至植株其他部位发挥防治作用，而根茎菜群组的作物取食部分，刚好是养分储存的位置，容易有来自其他部位的农药移动与累积。但由于地下根茎是养分储存处，体积通常较为膨大，所以药剂残留会被稀释。

而有些施用于土壤，直接利用根部吸收发挥作用的药剂，因根部吸收后还会移动至其他部分，残留情形并不会特别严重。

● 接触型药剂

如果食用部分是位于土壤之下，不太容易会有接触型农药残留，但萝卜顶端的短茎与叶暴露在土壤之外，在喷施接触型药剂时，液体会由叶部向下流动，容易在茎部残留。此外，如果是食用萝卜叶的话，也会有接触型药剂的残留。

Part
1
蔬果农药残留 22 问

Part
2
如何去除农产品上的农药残留

Part
3
网络追问，传言破解

作物群组
根茎菜类

17.马铃薯、红薯
及芋头、山药、牛蒡等其他地下根茎类

担心指数 | 系统型 ♥♥♥
接触型 ♥♥♥

认识作物

地下根茎类作物最大特色是食用部位大部分生长于土壤中，而芋头、莲藕则生长在水底的淤泥里。

马铃薯

由于此群组作物食用部分大都长在地下，在市场上购买时，还看得到上面沾了泥土，消费者在食用前都会特别仔细清洗或去皮，所以在烹煮时就已将大部分农药残留去除了。

这样洗才干净

 干刷

带有土壤的地下根茎类作物，在贮放前不要用水冲洗，用轻拍的方式让土壤掉落，或是使用干毛刷，以不伤及表皮的力量刷除。

五谷杂粮类

叶菜类

花果瓜菜类

豆菜芽菜类

根茎类

菇类

水果类

其他

 贮放

在室温下放置3天。贮放时须注意各类作物耐贮放的程度不同，务必要保持鲜度，避免发芽、变质或腐败，而影响到食用的安全。

 刷洗

食用前以流动的水仔细冲洗表面。根茎类作物的表皮通常比较厚，用刷子刷洗会更有效率。

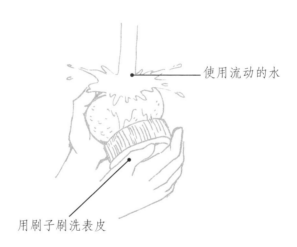

使用流动的水

用刷子刷洗表皮

 切除

如有蒂头则切掉，然后去皮，切成烹调用的大小，比较不容易沾染农药。

农药如何残留

● 系统型药剂

系统型药剂经由作物吸收后，转移至植株其他部位发挥防治作用，而马铃薯、红薯取食的部分，刚好是养分储存的位置，容易有来自其他部位的农药移动与累积。但地下根茎体积通常较为壮硕，所以药剂残留会被稀释。而有些施用于土壤，直接利用根部吸收发挥作用的药剂，因为根部吸收后还会移动至其他部分，残留情形并不会特别严重。

● 接触型药剂

接触型药剂不太容易残留在根茎菜类作物上，主要是大部分根茎菜类作物都埋在土里，即使喷施接触型药剂后，药剂自叶部流滴到土壤，也因为土壤的黏粒及有机质等会吸附农药，埋在土里的地下根茎类，较不容易发生接触型农药残留。

Part
1
蔬果农药残留22问

Part
2
如何去除农产品上的农药残留

Part
3
网络追问，传言破解

五谷杂粮类

叶菜类

花果瓜菜类

豆菜芽菜类

根茎类

菇类

水果类

其他

作物群组
茎菜类

18.洋葱

及薤头等葱科茎菜类

担心指数	系统型	♥ ♥ ♥
	接触型	♥ ♥ ♥

认识作物

葱科茎菜类作物以茎为食用部位，也是植物养分的储存位置，此类农作物的栽培技术及病虫害防治方式，与葱科小叶菜类相似。

但其食用的部分生长时多在土壤中，一般消费者在烹煮前都会特别仔细清洗，且大部分会去皮，也因此去除了残留的接触型药剂；而在系统型药剂方面，由于此群组耐贮放，买回来后可放置在通风处，通过贮放去除残留药剂。

洋葱

这样洗才干净

 贮放

洋葱等茎菜类买回后，将土壤干刷去除，放在凉爽通风处备用，可消除系统型的农药残留。

搓洗

食用前，用流动的水将表面仔细冲洗干净，并用手稍微搓洗。

 剥除

将蒂头切除、外皮剥去后，用清水冲洗干净，再切成烹调用的大小。

剥除外皮

将蒂头切掉

农药如何残留

● 系统型药剂

系统型药剂是由农作物吸收后，转移至植株其他部位而发挥作用，洋葱这类茎菜取食的部分，刚好是养分储存的位置，其他部位的农药容易移动、累积至地底下的鳞茎。而施用于土壤，直接在根部吸收的药剂，由于根部吸收后会移动至其他部分，其残留情形并不会特别严重。

● 接触型药剂

接触型药剂不太容易残留在茎菜类作物上，因大部分茎菜类作物都是埋在土壤中，即使接触型药剂流滴到土壤，也因土壤的黏粒及有机质等会吸附农药，因此土里的根茎类作物较不容易发生接触型农药的残留。

五谷杂粮类

叶菜类

花果瓜菜类

豆菜芽菜类

根茎类

菇类

水果类

其他

作物群组
茎菜类

19.芦笋、茭白、竹笋
等其他生长在土中的茎菜类

担心指数 | 系统型 ♥♥♥
接触型 ♥♥♥

认识作物

根茎类也有口感鲜嫩的作物，例如芦笋、茭白与竹笋等，其幼嫩又壮硕的茎部，通常都在接近土壤或是土壤表层下生长。这些地上茎虽然长在土壤中，但市面上售卖此类农作物时，大多都经过初步的清洗，以及切除基部等事先的处理。消费者食用时，也都需要再去皮，接触型农药的风险已经降低；而且大多会加热食用，如余烫、蒸食，系统型的农药也能因此消散。

竹笋

这样洗才干净

 刷洗

用流动的水将表面仔细冲洗干净，并用软毛刷刷洗缝隙。

切除

由于在运送过程中，裸露的基底部分可能会受到污染，因此洗净后就将基底切去一小段（如下图）。

 剥除

接着剥去外皮，再用清水冲洗干净，再切成烹调用大小。

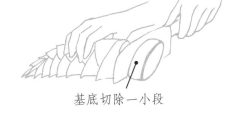

基底切除一小段

🔥 加热

放入锅中加水，微火加热数分钟（水有热度即可），取出沥干，即完成基本处理。加热杀青可以促进系统型农药消散。

农药如何残留

● 系统型药剂

由于取食的部位只有嫩茎，系统型农药吸收后，其他部位可转移分散农药，不会过于集中在茎部。

● 接触型药剂

在喷施接触型药剂时，有可能由叶部向下流动到茎部，而在茎部残留，但因为食用时会先去皮，只要注意仔细洗干净就可以避免药剂残留的风险。

作物群组 蕈菜类

20. 香菇、洋菇、黑木耳

及草菇、银耳、金针菇、姬松茸、猴头菇、鲍鱼菇、
杏鲍菇、秀珍菇等

担心指数	系统型	♥ ♥ ♥
	接触型	♥ ♥ ♥

认识作物

菇蕈类（俗称菇类）本身为真菌类，加上菇
类作物栽培技术进步，许多都在环境控制条件
下进行培养，因此很多消费者以为菇类作物种
植时不需使用农药。其实种植菇类作物时，为

香菇

维持环境及避免杂菌生长，还是需要许多农药的协助。以洋菇为
例，主要有脑菌（*Diehliomyces microspores*）、褐痘病（*Mycogone
perniciosa*）、白霉病（*Cladobotryum variospermum*）等杂菌。因此
并非菇类作物就无须施用农药。

在种植菇类作物的过程中，初期是菌丝生长期，经过一段较长
时间培育后，就开始出菇收成。由于收成期间是陆续采集的，广义
来说，其实也是一种连续采收型作物。

新鲜菇类作物不耐贮放，一般即使在冷藏环境下也只能放置数
日，所以通常会建议在最新鲜的时候就食用完毕。

菇类作物的取食部分是子实体，也就是包括蕈柄及蕈伞的部分，不论是接触型或是系统型药剂的残留都在这部位，因此烹煮前要针对此食用部分清洗。

这样洗才干净

 切除

少数市场上售卖的菇类作物会留有基部（如金针菇），在清洗前要先将这部分予以切除。

 浸泡

菇类作物的食用部位十分松软，不仅无法刷洗，也无法以冲洗方式清洗。因此以水盆装水，将蕈菇浸泡在水中，轻轻地翻动，让蕈伞正反两面都能接触到水，接着在换水后，再重复浸泡→翻动→换水数次。

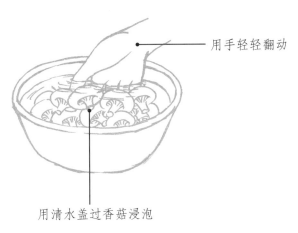

用手轻轻翻动

用清水盖过香菇浸泡

五谷杂粮类

叶菜类

花果瓜菜类

豆菜芽菜类

根茎类

菇类

水果类

其他

农药如何残留

● 系统型药剂

　　系统型药剂主要是针对栽培材料进行处理时的用药，残留部位分布在蕈菇全株。

● 接触型药剂

　　接触型药剂则部分用于清洁养菇场的环境，可能会经由飞溅等情况发生间接残留；另一部分是用在蕈菇染病后的处理，这种情形就会直接在蕈伞上残留。

Part
1
蔬果农药残留22问

Part
2
如何去除农产品上的农药残留

Part
3
网络追问，传言破解

| 作物群组 瓜果类 | **21. 香瓜、西瓜**
及洋香瓜等瓜果类 |

| 担心指数 | 系统型 ♥ ♥ ♥
接触型 ♥ ♥ ♥ |

认识作物

瓜类除了作为蔬菜食用之外，也有作为水果食用的作物，如香瓜、西瓜及洋香瓜等。瓜果类大部分去皮食用，只要清洗与去皮，就可以避免接触型农药的残留。而系统型的药剂，则可利用瓜果类较耐贮放的特性，多放两三天再食用，即可降解。

另外，部分网络传言说瓜果会用打针或是打点滴的方式注入各种奇奇怪怪的药剂，这种说法并无根据，种植在田间的瓜果，如果插入针孔，更容易腐败。况且，打针或打点滴的人力成本，远大于这类瓜类作物的获利，农民们并不需要使用这种怪异的做法。

西瓜

五谷杂粮类

叶菜类

花果瓜菜类

豆菜芽菜类

根茎类

菇类

水果类

其他

这样洗才干净

 贮放

置于通风凉爽的室温下数日。但瓜果虽然较耐贮放，仍要留意保持鲜度，避免发生腐败的情形，否则反而会影响食用风味与安全。

 搓洗

食用前用流动的清水冲洗表皮，同时用手搓洗干净，尤其是头尾蒂头部分。

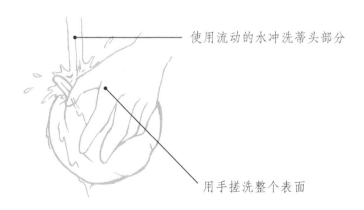

使用流动的水冲洗蒂头部分

用手搓洗整个表面

 切除

切除蒂头，然后去皮，或者将果肉切出食用。

农药如何残留

● 系统型药剂

瓜果类作物取食的部位是果实，在养分输送与累积过程里，难免会把许多植物保护药剂往果实传送，因此系统型药剂在瓜果类作物里残留情形也很普遍，但因为瓜果的果实通常较为硕大，对吸收进去的农药会有稀释效应。

不过由于瓜果生长期长，在长时间累积下，也可能会有更多样药剂的累积。如果农民使用的系统型药剂消退时间稍长，就会有农药残留的情形出现。

● 接触型药剂

采收果实的作物类，通常为保障收获部位的质量，会施用接触型的药剂，并常是直接喷施在收成部位，残留的机会很大，但瓜果类因大部分需要去皮食用，食用时被吃到的机会并不多。

五谷杂粮类

叶菜类

花果瓜菜类

豆菜芽菜类

根茎类

菇类

水果类

其他

作物群组 柑橘类

22.橘子、橙子

及桶柑、葡萄柚、文旦柚、柠檬等柑橘类水果

担心指数 | 系统型　♥♥♥
接触型　♥♥♥

认识作物

柑橘类作物是台湾重要的果树，几乎全年都能看到柑橘类的农产品在市场上售卖。食用的方式也十分多样，有的适合新鲜食用，有的可以榨成果汁，有的加工做成蜜饯或制成果酱，甚至有入菜的吃法，果皮还被炮制成中药

橘子

使用。一般柑橘类水果都耐贮放，如柠檬、柚子，即使较不耐贮放的桶柑、椪柑也可以放上好几天。

通常作物约八分熟即进行采收，采收后会做短期的贮放，而贮放时会先进行防腐处理，这也是此类作物除了在田间施用农药防治病虫害以外，另外一个使用到农药的时机。

柑橘类农产品可利用贮放的方法，让残留在果实内的系统型药剂分解，但需要先了解个别作物耐贮放的时间长短。在台湾的气候条件下，以常温存放即可，但必须注意湿度，太干果皮会皱缩，太湿则容易膨皮或被霉菌侵害而发生腐烂的情形。适宜的湿度及通风，可帮助柑橘类作物的果皮蒸散一些水分，让果皮软硬适中且较

有弹性，以提供更佳的保护。另外，像橘子、文旦柚等，在较长时间的贮放后，风味反而变得更好。

这样洗才干净

 贮放

市场上购买时，商贩都会用塑料袋包装，方便携带。回家后应尽快取出，放置于阴凉通风处，两三天后再食用，避免在原塑料袋内存放。

 冲洗

用大量清水冲洗果实表皮，接着剥皮食用。为了避免剥皮时双手沾附果皮上的农药或其他污染物，剥完果皮后，应将手洗干净再取食果肉。

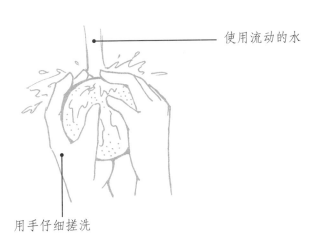

使用流动的水

用手仔细搓洗

农药如何残留

● 系统型药剂

柑橘类植株较大，系统型药剂被作物吸收后会散布全株，残留在果实上的量极微小。加上从采收到消费者食用前，通常会有一段贮放过程，不用担心系统型药剂残留的情形。

● 接触型药剂

接触型药剂会残留在果实表皮，除了田间施用农药外，采收后贮放前的处理，农民也会用农药来保鲜。因此，在食用前需要小心处理外皮的药剂残留。

Part
1
蔬果农药残留22问

Part
2
如何去除农产品上的农药残留

Part
3
网络追问，传言破解

作物群组
梨果类

23.梨、苹果、樱桃
及李、水蜜桃、枇杷、枣、柿子、梅子等梨果类

担心指数 | 系统型 ♥ ♥ ♡
接触型 ♥ ♥ ♡

认识作物

梨果作物群组又区分为两个亚群，分别是蔷薇科果树及其他梨果类，此作物群组主要作为水果鲜食，少部分制成罐头或腌渍成蜜饯。

梨

大部分梨果的果肉是由包围子房的花筒与子房一同发育，会形成肥厚多汁的外果皮和中果皮，因此这种类型的果实被称为假果。梨果的外果皮与中果皮接合紧密，内果皮较硬且致密，有些内果皮还有石细胞，质地非常坚硬。

人们不会食用梨果类作物的果核，但外部果皮去除较麻烦，所以有些消费者会直接连皮食用，再将果核的部分吐掉。由于两个亚群组的食用方式相近，因此清洗的方式也相同。

通常梨果类水果经济价值较高，摘下后都会以冷藏方式贮放。消费者购买回来后，仍然要以冷藏鲜储保存，如此贮放的时间可相

五谷杂粮类

叶菜类

花果瓜菜类

豆菜芽菜类

根茎类

菇类

水果类

其他

对增加。果实于冷藏贮放时，也可代谢分解系统型药剂，而接触型药剂则可通过去皮食用来避免风险。

这样洗才干净

 贮放

梨果类在常温下不耐放，需要以冷藏方式贮放，这样保鲜效果比较好，可以放置较长的时间。

 搓洗

食用前用流动的水清洗，并用手搓洗表面，如有蒂头凹陷处，则用软刷轻刷。由于蒂头的部分内陷在果实较深处，容易积聚药剂，是清洗的重点。

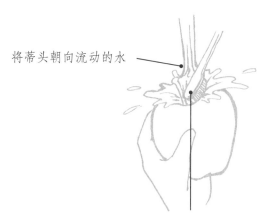

将蒂头朝向流动的水

有凹陷处要用软刷仔细轻刷

Part
1
蔬果农药残留 22 问

Part
2
如何去除农产品上的农药残留

Part
3
网络追问，传言破解

 浸泡

如不去皮食用的，如樱桃、李等，要浸泡20~30分钟，期间不时搅动，然后换水两至三次。

 去皮

接触型药剂的残留以去皮为最好的处理方式，针对较大型的梨果类农产品，像苹果、梨，尽量以去皮的方式处理。无论是对剖食用或整个啃咬，都要先去除蒂头，以避免碰触到不洁的物质。

农药如何残留

● 系统型药剂

系统型药剂被作物吸收后散布全株，而相对植株大小而言，果实的比例较小，在残留被稀释的情况下，果实内的残留量也极小。但是，此作物群组在食用习惯上讲究"吃新鲜"，并不一定会有贮放的处理过程，此时系统型药剂的残留就不易处理。

● 接触型药剂

梨果类的作物有不少是高单价水果，因此在开花结果的初期，果农为了确保作物收成的质量，很多会用套袋的方式保护，如此不

五谷杂粮类

叶菜类

花果瓜菜类

豆菜芽菜类

根茎类

菇类

水果类

其他

仅可以隔绝病虫害，对喷在作物上的农药也有隔绝作用，且对于接触型药剂也有很好的隔离效果。

梨果类的水果成熟时，蒂头内陷在果实内部，像苹果、梨、桃、樱桃等，因此田间喷施农药时，这些凹陷处很容易积聚药剂。此外，基于长途运输的需要，有些梨果类的农产品会进行防虫或保护处理，以避免被虫咬或是撞伤而损害商品价值。这些防护措施造成的残留，同样以清除接触型药剂的方式处理。

作物群组 大浆果类

24. 香蕉、荔枝、芒果

及菠萝、牛油果、释迦、木瓜、龙眼、猕猴桃、百香果、榴莲、火龙果等

担心指数 | 系统型 ♥ ♥ ♥
| 接触型 ♥ ♥ ♥

认识作物

　　浆果类的水果种类多样，外皮厚薄不一、粗细不同，但不管是薄如木瓜、牛油果者，或是外壳粗厚且极为坚硬的椰子、榴莲等，通常都不会连皮一起吃，不是剥去外皮，就是挖取果肉食用，可以避免接触型药剂的摄入。

香蕉

　　但此作物群组的农产品，耐贮放的特性差异极大，并不是所有的品项都可以用贮放方式降低系统型药剂残留，所以在贮放时，要注意水果当下的成熟度，并每天留意水果的状态，不要错过品尝的最佳时期。

五谷杂粮类

叶菜类

花果瓜菜类

豆菜芽菜类

根茎类

菇类

水果类

其他

这样洗才干净

 贮放

较耐贮放的就利用贮放让残留在果实内的系统型药剂降解，但务必先了解个别作物耐贮放的时间长短，避免放置过久，造成过熟到不堪食用的状态。

 擦拭

食用前，如香蕉、芒果等果实表面平滑不吸水的，可以用水冲洗干净后擦干；其他如菠萝、释迦等，不需要以清水冲洗，只要用轻拍或是擦拭的方式，将表面附着的灰尘或沙土去除，即可进行削皮或去皮。

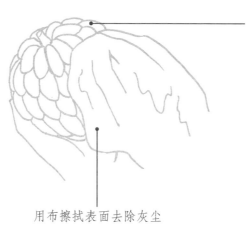

释迦这类水果不适合水洗

用布擦拭表面去除灰尘

去皮

削皮时要先去蒂，皮削好后，如要切块食用，要将刀与手都洗净，再开始切块，以避免表皮残留的物质污染到果肉。尤其是外表不平或多细毛的蔬果，较易沾染农药，需要特别注意。

农药如何残留

● 系统型药剂

就植株大小而言，此类型果实在比例上不大，吸收了系统型药剂后，会分散于植物全株并稀释，因此果实内的残留量极小。

● 接触型药剂

接触型药剂以接触果实表皮的部分为主，但因为大多去皮食用，只要依照步骤清洗外皮、削去果皮，就不需要担心农药残留。

五谷杂粮类

叶菜类

花果瓜菜类

豆菜芽菜类

根茎类

菇类

水果类

其他

作物群组
小浆果类 ## 25.草莓
及杨梅、桑葚、黑醋栗、蔓越莓、木莓等莓果

担心指数 | 系统型 ♥ ♥ ♥
接触型 ♥ ♥ ♥

认识作物

草莓、蓝莓等莓果，通常果实小、表
皮薄，整颗可以放入口中食用，但最好尽
量避免将果柄部分吃到嘴里。

草莓

草莓是连续采收的作物，且表皮鲜嫩
脆弱，除极易受到病虫侵害外，鸟类、螺
等也都会造成草莓的损害，栽培时需要借由药剂的使用，来确保质
量及产量。

再加上采收后禁不起碰撞、不耐贮放，因此食用前仔细地清
洗，是减少农药残留与确保食用安全非常重要的一环。此外，草莓
买回来最好在一两天内就食用完毕，而且吃多少洗多少，才能维持
草莓的新鲜与风味。

由于草莓是较高价的水果，目前已有许多农民投资设施栽培，
希望借由设施的保护，减少病虫害，也减少农药的施用，如此在提
高草莓质量与产量的同时，可以减少农药的残留。

Part
1
蔬果农药残留22问

Part
2
如何去除农产品上的农药残留

Part
3
网络追问，传言破解

这样洗才干净

 冲洗

莓果类的小果实，无法用毛刷清洗，不妨用较大水流先重点冲洗果蒂部分，再于水龙头下用水冲洗整颗外表。

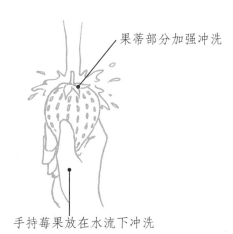

果蒂部分加强冲洗

手持莓果放在水流下冲洗

 浸泡

置于水盆中以清水浸泡至少30分钟，每泡10分钟就将水倒掉，再加入清水浸泡，重复上述步骤数次。

切除

外表清洗干净后，再将果蒂切除。如果莓果较小，吃的时候避免吃下果蒂即可。

五谷杂粮类

叶菜类

花果瓜菜类

豆菜芽菜类

根茎类

菇类

水果类

其他

农药如何残留

● 系统型药剂

系统型药剂被作物吸收后会散布全株，而相对于果树的植株大小，莓果的果实所占比例较小，因此在残留稀释的情况下，果实内的残留量并不多。但是，此作物群组食用习惯上有些讲究新鲜，并不一定会有贮放的处理过程，使得系统型药剂的残留较不易处理。

● 接触型药剂

草莓常残留接触型农药，因此要用流动的水多次清洗浸泡，才能清除残留。

26.葡萄

担心指数 | 系统型 ♥♥♡
接触型 ♥♡♡

认识作物

　　虽然葡萄是要去皮食用，但很多人吃葡萄是连皮吃进去再吐皮，有些无籽品种则可以连皮吃，因此列在皮可食水果的类别。不过这种食用方式少了去皮步骤，增加吃到接触型药剂的风险，在清洗时更要特别注意。

　　葡萄由于表皮薄软，常用套袋包覆保护果实，以避免病虫的侵扰，同时也减少喷药飘散后的附着，可有效降低接触型药剂的表面残留。至于葡萄表面常见的白色粉末，是葡萄的果粉，不是农药的残留，通常呈均匀的白雾状，对人体并不会有危害，清洗时不需刻意将这层粉雾状的物质刮去或擦掉。

葡萄

五谷杂粮类

叶菜类

花果瓜菜类

豆菜芽菜类

根茎类

菇类

水果类

其他

这样洗才干净

 剪下

先用水仔细冲洗整串葡萄，再用剪刀一颗颗剪下，剪时留下一点小果柄，尽量避免用手拔，以免造成果肉露出，后续清洗时有不洁污物由此渗入。

用剪刀仔细一颗颗剪下

 搓洗

葡萄剪下置于水盆中，用手一部分一部分捧起，在水龙头下面轻轻搓洗。

 浸泡

洗好的葡萄加清水浸泡30分钟（换水2~3次），食用时尽量避免吃到果柄部分。

农药如何残留

● 系统型药剂

相对于果树的植株大小，葡萄果实所占比例不大，在残留被稀释的情况下，果实内的残留量极小。但因为不能久放，残留的药剂不易散失。

● 接触型药剂

如果葡萄食用时无法去皮，人们比较担心农药残留，但农民栽培时有做套袋处理，就可以隔绝接触型的药剂，吃起来会比较安心。

五谷杂粮类

叶菜类

花果瓜菜类

豆菜芽菜类

根茎类

菇类

水果类

其他

作物群组
小浆果类

27.莲雾、番石榴、杨桃
等其他皮可食大果实水果

担心指数 | 系统型 ♥♥♥
接触型 ♥♥♥

认识作物

大多数的皮可食水果虽然经过套袋处理，但仍需要仔细清洗，以避免接触型的农药残留；而在系统型农药方面，因为果实占整体果树的比例较少，所施用的农药会转移到其他部位。皮可食用的大果实，多半在采下后，会经贮放后熟的阶段，此时仍会进行呼吸作用，并且有酶活性，有助于代谢残留的系统型农药。

莲雾

这样洗才干净

 贮放

有的种类不耐常温贮放，最好以冷藏的方式储藏，随时观察水果的鲜度，避免发生过熟、腐败而无法食用的情形。

搓洗

用流动的水搓洗表面，蒂头凹陷处容易积聚药剂，则用软刷轻轻刷洗。

 浸泡

用清水盖过水果高度，浸泡20~30分钟，期间要换水两三次。

 切除

切除果柄、果脐或蒂头部分，再做切块处理。要注意刀子若接触到蒂头不洁处，必须洗干净再切块，以免污染果肉。

清洗后，用小刀将果脐挖除

五谷杂粮类

叶菜类

花果瓜菜类

豆菜芽菜类

根茎类

菇类

水果类

其他

农药如何残留

● 系统型药剂

相对于果树植株大小，水果果实比例上较小，因此在残留会被稀释的情况下，果实内的残留量极少。但如果只能冷藏鲜贮，残留的药剂比较不易散失。

● 接触型药剂

因为此类水果连皮食用，人们比较担心无法去除残留。如果有套袋的话，就可以隔绝接触型的药剂，选购时可多注意。而莲雾、番石榴的果柄与果脐是农药最容易累积残留处，要多加清洗，并且切除。

Part
1
蔬果农药残留 22 问

Part
2
如何去除农产品上的农药残留

Part
3
网络追问，传言破解

作物群组
甘蔗类

28. 甘蔗

担心指数 | 系统型 ♥♥♥
接触型 ♥♥♥

认识作物

甘蔗可以分为加工用的白甘蔗及生食用的红甘蔗。白甘蔗外皮硬、呈黄绿褐色，茎细、节间短、水分少、糖分高，多用于加工制糖；红甘蔗外皮脆、呈深紫红色，茎粗、节间长、水分多、糖分低，多直接生食或榨汁饮用。

甘蔗

在市场上购买甘蔗，大部分店家会帮忙削去外皮，或是榨汁售卖。消费者通常不需要直接处理甘蔗的农药残留，因为采收后至售卖之前，一般会经过贮放，可促进系统型药剂的消退；且买回来多半已经去好皮，接触型药剂在去皮后即无药剂残留。

五谷杂粮类

叶菜类

花果瓜菜类

豆菜芽菜类

根茎类

菇类

水果类

其他

农药如何残留

● 系统型药剂

甘蔗主食茎部，系统型药剂残留也以茎为主，但通过贮放通常会消退。

● 接触型药剂

甘蔗以去皮方式食用，沾附接触型药剂的表皮在之前已去除，食用时应已无接触型药剂残留。

作物群组
坚果类

29. 栗子、核桃
及腰果、杏仁、开心果、山核桃、榛果、夏威夷果、
银杏、松子等坚果

Part
1
蔬果农药残留 22 问

Part
2
如何去除农产品上的农药残留

Part
3
网络追问，传言破解

担心指数	系统型 ❤❤❤
	接触型 ❤❤❤

认识作物

坚果类的食物，大部分都是较大的乔木果实，具有坚硬的外壳保护，且在果实成熟时果皮不开裂，农药残留可能性低。

腰果

这样处理更安全

以农药而言，残留在此类作物上的概率很小。但是在保存这些干燥且营养价值高的坚果类农产品时，可能会使用到防腐剂或抗氧化剂等食品添加剂，因此建议大家在食用前不妨先让坚果稍微透透气，这样可稍微减少此类食品添加剂的残留。

五谷杂粮类

叶菜类

花果瓜菜类

豆菜芽菜类

根茎类

菇类

水果类

其他

农药如何残留

● 系统型药剂

坚果类的农作物，大部分是较大的树木所结的果实或种子，如施以系统型药剂防治，经植物吸收后转移到果实或种子时，已经是极微小的量，几乎不会有残留。

● 接触型药剂

接触型的药剂在喷施后，本来接触这类小果实的量已极低，加上这些坚果作物收成后，经干燥、去壳等过程，大概都已消失殆尽了。

Part
1
蔬果农药残留22问

Part
2
如何去除农产品上的农药残留

Part
3
网络追问，传言破解

| 作物群组
茶类 | **30. 茶**
及花草茶、中药茶等茶饮用植物 |

担心指数 | 系统型　♥♥♥
接触型　♥♥♥

认识作物

茶类的作物群组泛指用于冲泡的一系列农作物产品，所以食用的植物部位，不一定像茶叶是采摘茶树的嫩芽，再经过繁复制作程序所得到的产品，而是广泛使用植物的叶、茎、根、花、种子，甚至树皮等，有些是经干燥处理，有些则是新鲜植物摘取后冲泡食用。

茶

在这个分类群组中，不论是否经过加工制作过程，皆以冲泡（或是水煮）的方式食用或饮用为主。而此种方式以水为媒介，若使用的药剂可溶解于水，人们在饮用时就有疑虑。

首先，针对系统型药剂说明，一般系统型药剂是植物吸收后，再传递分布至农作物全株，通常有较大的水溶解度，利于药剂在植物体内的移动与分布，所以较有可能会溶解到冲泡饮料中，但是系统型药剂在茶类饮品加工制造过程中会快速分解，因此在经过处理后的茶类中残留量极少，并不用担心。

五谷杂粮类

叶菜类

花果瓜菜类

豆菜芽菜类

根茎类

菇类

水果类

其他

其次，对于接触型的药剂，通常水溶解程度比较低，在用水冲泡的过程中，不易溶出至茶汤，所以被人摄取的概率也降低。

这样处理更安全

如果是新鲜采摘即冲泡的茶类饮品，例如未经干燥处理的花草茶，则以热水初次冲泡约1分钟后，将茶汤倒去，再开始重新冲泡饮用。

至于茶叶方面，茶农制茶过程可能会沾染灰尘，也可借由倒去初次冲泡茶汤的方式清除，但初次冲泡时间不宜过久，以免影响茶饮的风味，或者使易挥发成分散失。如果直接以此群组中的农作物入菜，则依照取食部位，查询本书类似的类别，依其方式清洗即可。

农药如何残留

● 系统型药剂

这个分类群组食用部位有叶、茎、根、花、种子等，残留系统型药剂的部位不易区分，因此，在此分类群组中就将其视为会残留在食用部位的内部。

● 接触型药剂

　　接触型药剂施用后会分布于植物表面，因此主要分布在植体的外部，在此分类群组中有部分是种子或花卉，会有部分受到种皮或是花萼的保护，并未暴露在外；如果是食用叶部，附着接触型药剂的机会大于茎部及根部。基本上所有植物的外表，都是接触型药剂可能附着的位置，并没有特定残留部位。

五谷杂粮类

叶菜类

花果瓜菜类

豆菜芽菜类

根茎类

菇类

水果类

其他

作物群组
咖啡类

31. 咖啡
及可可、可乐果等饮品植物

担心指数 | 系统型 ♥♥♡
| 接触型 ♥♥♡

认识作物

　　咖啡、可可的果实都能加工制作成饮品，因此放在同一类的作物群组，不过这两种日常生活中经常食用或饮用的作物，最终产品的生产方式完全不同。

　　简单地说，咖啡是在生豆采收后，经去皮、发酵、干燥、烘焙等步骤，制成咖啡豆（熟豆），要饮用咖啡时，再用水萃的方式抽提出豆中成分来饮用。可可则是生产巧克力的主要原料，由采收的可可果实中剖出可可豆，再经过发酵、干燥、烘焙、研磨，制成可可浆，分离出可可脂与可可粉，最后依生产的巧克力所需，将可可粉、可可脂添加乳品、糖等，进一步加工制成巧克力。

咖啡

这样处理更安全

一般人所接触的咖啡或可可，都是已经制作好的成品，加上咖啡制作原料是果实，与茶以茶树叶为原料不同，制作时再经去皮、发酵、干燥、烘焙，农药残留的可能性极低，如果依然担心农药残留，可以在购买时挑选经有机认证的咖啡豆。

农药如何残留

● 系统型药剂

咖啡或可可结的果实或种子，施以系统型药剂后，经植物吸收再转移到果实或种子时，已经是非常微量，再经过后制过程，几乎不会有残留。

● 接触型药剂

接触型的药剂在喷施后，接触果实或种子的量本已极低，加上收成后要经干燥、去壳等过程，即使有残留也几乎消失殆尽。

Part
1
蔬果农药残留 22 问

Part
2
如何去除农产品上的农药残留

Part
3
网络追问，传言破解

Part

3

网络追问，传言破解

樱桃里寄生了一种蛆虫，几乎100%的樱桃里面都有。

专家说

这是一条网络信息。台湾本地并没有生产樱桃，全部是进口的。进口农产品在输入之前都需要进行检疫工作，不论是植物或植物产品，都要依照植物检疫有关规定执行。

以樱桃为例，只要是出现果实蝇的地区所生产的樱桃就不可输入。例如伊朗为桃果实蝇（*Bactrocera zonata*）发生疫区，樱桃为该害虫的寄主，依照植物或植物产品的相关检疫规定，伊朗产樱桃鲜果实禁止输入台湾地区。由于同样的检疫规定，樱桃为地中海果实蝇（*Ceratitis capitata*）的寄主，德国为该害虫发生疫区，所以德国产的樱桃也禁止输入台湾地区。

由其他地区进口樱桃，则需要检附各国检疫机关签发的检疫证明书等各项数据，若数据不全会被退运或销毁，不可输入。如果运送过程中会经过某些樱桃疫病虫害发生的国家或地区（例如经新加坡、中国香港转运），还要依照植物或植物产品运输途中经由特定疫病虫害疫区输入检疫的相关规定办理，主要是要求包装完整密合，保障在转运时不会被疫病虫害入侵。所以在台湾市面上合法售卖、包装完好的樱桃，并不会有长蛆的问题。

网络上会流传这样的说法，有以下几个可能：一是大陆地区所产樱桃鲜果实为番石榴果实蝇（*Bactrocera Correcta*）寄主，因此大陆的樱桃可能出现果实蝇幼虫。二是市场售卖时保存条件不佳，如果又放了几天，可能就有果蝇入侵。至于有没有严重到百分之百的樱桃里都有，那就存疑了。

为了让西瓜比较甜，会用打针的方式注入甜味剂。

这也是盛传于网络上的一则谣言。内容是不良商家为了让西瓜卖相佳，用针注入色素和甜味剂，文章里面还附上照片，清楚标出西瓜哪些地方有打针的痕迹，造成大多数民众一吃到甜度较高的西瓜，就担心自己嘴里的西瓜是不是被打了针。

其实这是很夸张的误导，我们从几个层面来说明：首先，在田里的西瓜是要靠外皮来保护里面充满水分及甜分的果肉，如果用针将瓜皮刺穿，马上就会被微生物入侵、引来虫蚁等昆虫侵袭，再加上田间的阳光曝晒，西瓜马上就会腐烂。

其次，西瓜果肉密实，如果要打入药剂，无法以快速大量的注入方法进行，因为强行注入液体会从注入孔回溢出来，需要用像点滴的方式让液滴进入。而见过西瓜田的人就知道，瓜田都是一整片平原，根本没有可以挂点滴的设施或位置。

最后，我们再想想，西瓜在质量极佳的盛产季节，产地批发价一个不过两百元（新台币），如果农民还要到田里帮西瓜一个一个打针、用药，只为了增加甜度，那成本都不知道要增加多少。所以消费者根据基本常识判断及了解，就可以知道这个谣言根本就不可信。

用食盐洗蔬菜，
去毒不成反被毒害。

有关用食盐洗蔬菜，能否有效去除农药残留的问题，在本书第一部分的问答中已有提及，主要是因为食盐水并没有可以帮助农药溶出或是分解的特性，因此清洗效果和使用清水没有什么大的差别。

而使用食盐水清洗的方式，大部分是要先将食盐溶于水盆，再放入蔬果浸泡清洗，少了在水龙头底下直接冲洗的动作，反而可能减少冲掉蔬果表面附着药剂的机会。所以，现在不少消费者已渐渐了解用盐水洗蔬果并不会有比较好的效果。

但现在又有另一种说法，"用食盐洗菜是很危险的，因为食盐会使农药化学成分被'锁在'蔬菜上"。其实食盐也不会有这种锁住农药成分的效果。由于食盐主要成分是氯化钠，在水中会解离为钠离子与氯离子，但都是很稳定的状态，不容易与农药发生化学作用，也不会增加农药在蔬菜上的附着。

Part
1
蔬果农药残留22问

Part
2
如何去除农产品上的农药残留

Part
3
网络追问，传言破解

现在的豆芽是用化肥水泡出来的。

专家说

很多人看到这则消息，立即闻豆芽而色变。这则消息里面主要提到几种"化肥"用药，分别是尿素豆芽、特效无根豆芽素、保险粉（又名漂白粉）和防腐剂。

实际上，在台湾市场上常听到豆芽菜被检验出残留二氧化硫，主要是因为亚硫酸盐是合法的食品添加剂之一，同时具有抗氧化及漂白的效果，但相关规定并不允许亚硫酸盐使用在豆芽菜上。然而仍有极少数人为了保鲜及美观，会在芽菜收成后非法使用，造成二氧化硫的残留。当食品检测机构从市场上抽验，若发现有问题的芽菜，即会加以处罚并进行管控。

至于使用尿素、豆芽素等的说法，实际上都不太可能发生。这是因为豆芽菜在豆子泡水软化外皮后，必须将水倒掉才能发芽，不然在发豆芽期间会出现腐败情形，而且豆芽生长的主要营养是由豆子本身供给，因此使用尿素水去浸泡是没有用的。

另外，豆芽菜虽然名称叫芽菜，但这个芽其实是豆子最先长出的根，如果使用无根豆芽素，岂不是让芽菜无法生长？所以这也是错误的。在常温下，豆芽菜长成仅需三天左右，并没有使用防腐剂的必要。

农民会在"菠萝心"注射生长激素。

专家说

菠萝是可以合法使用植物生长调节剂的，主要应用以下情形中。

（1）**菠萝生长调节** 在菠萝果实发育期中，会适当地施用"萘乙酸钠（NAA-sodium）"，避免因干旱所引起的果梗腰折、增加果重、延迟成熟期，并可以调节产期。使用此药剂注意事项为：①发育良好的菠萝园不必施药，以发育较差的菠萝园为施药对象；②每个果实仅可施药一次，绝不可连续施药两次以上；③夏果或供外销用鲜果，施用本剂后，不耐贮放，必须尽量避免施用，如为改善鲜果外观，应将浓度减半再行施用；④不按规定施药，容易增加病果发生，以及抑制吸芽、裔芽发育等不良效果，同时也会影响果实质量。

（2）**菠萝催熟** 施以"益收生长素"可促进菠萝成熟、缩短采收期间，并可减少采收次数。但是外销用果实不宜施用。此外，如过早施用，可能会引起果实减轻。

前述两种生长调节剂之所以不建议施用于外销用鲜果，是因为会使菠萝不耐贮放，无法长途运输。

（3）**抑制抽穗** 菠萝抽穗抑制剂是用于抑制菠萝植株开花抽穗，因此施用时菠萝尚未有果实。

所以，网络上菠萝注射生长激素后可以迅速结果收成的说法，就如同西瓜打针一样，也是不合常理的。

小心水煮玉米，有剧毒。

专家说

这则水煮玉米有毒的信息在网络上流传已久，主要是说玉米中残留胺基甲酸盐类杀虫剂克百威的问题。

确实玉米在田间防治害虫时可以使用克百威，像玉米穗夜蛾及玉米螟等都被推荐使用，在玉米中的残留容许量是0.05毫克/千克，以3%粒剂施用于心叶的方式，有30天安全采收期的规定（采收前30天必须停止施药）。

虽然克百威是具有较大毒性的一个药剂，但由于是系统型药剂，被植物吸收后须移转，才能发挥其杀虫作用，因此在施用后分布到整个植株，会有稀释的情形，而历年来玉米农药残留检测结果中，并未发现克百威残留，但虽然如此，在取食玉米前仍要仔细清洗。

在此则信息中同时提及"把玉米粒削下来煮，不要整根丢下去煮"，或是"在外购回玉米，先用大锅把玉米煮熟，水沥掉后，再把已熟玉米加入排骨汤煮一下"等说法，或许是人们有些过度担心农药残留，而以过激的方法处理玉米，这种做法反而使玉米失去鲜甜风味，玉米所拥有的营养价值也流失了。

※关于新鲜玉米的农药残留与清除，请详阅57页〈新鲜玉米〉一文。

蘑菇吸收重金属能力超强。

专家说

在这则文章的内容中，针对蘑菇提出吸收重金属的问题："蘑菇虽好，但有个很重要的特点，就是对重金属的富集能力很强，最多可以达到一百多倍。几乎所有重金属，如铅、汞、镍等，蘑菇都会富集。"

事实上，台湾地区菇类作物的栽培方式与生长的环境，几乎没有机会接触到重金属。菇类是以椴木、太空包或腐殖土堆肥完熟等方式栽培，并不是采集而来，而且在重金属污染的区域或土壤，也没有适合蘑菇生长的环境。也许是在实验室的试验中，发现蘑菇具有吸收累积重金属的能力，其实许多农作物也都有这能力，但并不代表这些农产品内，就有重金属的残留或聚积。

反季水果成了问题水果。

专家说

反季水果？是不是指非当季生产的水果？所谓的问题水果又是什么问题？经由网络搜寻文章，归纳后发现应该是指下列四种水

Part
1
蔬果农药残留22问

Part
2
如何去除农产品上的农药残留

Part
3
网络追问，传言破解

果，各自有不同的传言，先让我们了解一下网络上怎么说：

（1）**草莓** 据说中间有空心、形状不规则又硕大的草莓，通常是激素过量所致。草莓用了催熟剂或其他激素之后，生长期变短，外表颜色也变新鲜，但果味却变淡了。

（2）**香蕉** 据说为了让香蕉表皮变得嫩黄好看，不法商贩会用二氧化硫来催熟，但果肉吃上去仍是硬硬的，一点也不甜。二氧化硫对人体是有害的。

（3）**西瓜** 据说超出规定标准使用催熟剂、膨大剂及剧毒农药，使得西瓜带毒。这种西瓜皮上的条纹不均匀，切开瓜瓤时特别鲜，但瓜子却是白色的，吃完嘴里有异味。

（4）**葡萄** 据说一些不法商贩和果农使用催熟剂乙烯，把乙烯和水按照比例稀释，将没有成熟的青葡萄放入稀释液中浸湿，过一两天青葡萄就变成紫葡萄了。

看完这四种说法，其实消费者不用过于担心，因为我们对食品中农药最大残留限量有严格的规定，也不会使用上述方法栽培这四种水果。

 **马铃薯、红薯、荸荠、银杏不能连皮吃。**

网络上提到的四种不能连皮吃食物分别是：马铃薯、红薯、荸荠、银杏。

虽然网络上说马铃薯发芽、红薯得黑斑病等，确实会产生一些有毒成分，但基本上这四样食物在食用时都要去皮。即使皮削得不干净，少量吃到，也不会严重到中毒。

美国有十二大含农药的肮脏蔬果。

这则消息的来源是一个美国网站，该网站公布了十二种检出较多残留农药的蔬果及十五种较少检出有农药残留的蔬果名单。

这份名单具有部分参考价值，但美国的农业耕作环境与作物栽培方式和中国有很大的不同，包括农作物的种类、病虫害发生的情形也不一样，都会影响农药的使用方法及农作物的收成方式。因此，虽不需将此文章奉为圭臬，但不妨作为购买美国进口蔬果时的参考。

至于中国国内生产的农产品，则可以参考食品药品监督管理局抽检的结果作为判断依据，配合购买新鲜、当季的蔬果，仔细清洗后，即可安心食用。

甜玉米、紫薯都是基因改造食品，千万别买别食用！

专家说

这则网络谣言已被辟谣。目前，中国这些农产品都是用传统育种方式培育出来的，其作物本身特性如此，并不是基因转殖。

中国农业生产技术不断进步，因此农产品的质量不断提升，不论外形、颜色，还是甜度等，都有很大的进步。消费者选购时不必因为某个农产品与之前买的在外形上（菠萝释迦）、颜色上（紫薯、黑花生）或是甜度上（超甜玉米）有很大差别，就疑心是否为基因改造的。

另外，还有谣传说基因改造的产品含有毒素，但市面上核准栽培的基因改造产品与有无含有毒素并没有关系，不应该将基因改造与毒性画上等号。

莲雾添加了人工色素，用卫生纸一擦拭就染色。

专家说

这则信息不只是网络上在流传，还上过新闻媒体的报道。各种颜色的水果，含有天然来源的花青素等植物色素，这也是水果重要的营养成分之一，尤其是一些浆果类，像是草莓、莲雾、桑葚、葡萄等水果，表皮容易破损，渗出的有色汁液即带有花青素成分。

除了这些浆果之外，在市场上也常见到紫甘蓝或是紫色菜花等，被学生拿去取出汁液，作为醋酸试验的材料，也都是利用这些蔬菜水果中含有大量花青素，这些成分都是很重要的营养成分。千万不要被误导，将营养成分当成人工色素的添加。也不要相信可用卫生纸擦拭来判断水果是否有添加人工色素。

 泰国榴莲浸泡有毒黄色液体。

针对这则网络消息，相关食品监督管理局采样并分析榴莲表面的黄色物质，结果其成分主要是三种天然姜黄萃取物质（Curcuminoids）。

同时，泰国食品药物管理局认为，浸泡姜黄溶液可能是当地业者为保护榴莲外皮及光泽所采用的一种措施。

姜黄是天然植物来源的成分，日常食用的咖喱也含有此原料，如果大家仍不放心，可在选购时进行挑选。

竹笋含有剧毒农药年年冬精。

专家说

竹笋使用的农药，主要是防治虫害，并且都是针对地上部分，而竹笋都是自地下部位新长出来的幼嫩芽部，还没冒出土就要采收了，因此接触到农药的机会极微。

况且目前农药品项并没有"年年冬精"这种药剂，农药中的杀虫剂克百威是曾以"好年冬"的商品名售卖，但由于剧毒，已被禁用，目前市面上已无此药剂，显然网络流传竹笋含有剧毒农药年年冬精完全是谣言。在食用竹笋时，大家应该是要注意卫生，毕竟竹笋是自土壤中挖掘出来，并且要注意竹笋是否已出土并开始产生氰苷的成分，而不是在意是否有剧毒农药的残留。

泡茶时有泡沫浮在茶汤上，就代表是有农药残留。

专家说

茶叶中含有许多天然成分，其中之一就是皂苷（saponin）。使用热水冲泡茶叶后，皂苷就会溶出并产生许多大小不同、数量不一的泡沫，这些泡沫跟皂苷的含量有关，与农药残留并没有关系。

其次，有人认为冲泡茶叶的第一泡茶汤含有农药，最好倒掉，以免把农药一起喝下肚。事实上，茶叶即使有农药残留，其释出与否跟第几泡茶并没有直接关系。就讲究泡茶的茶艺而言，第一泡茶是要温润干燥茶叶；就卫生而言，也许制茶过程有细小灰尘落在茶干上，因此第一泡茶是否倒掉，可视泡茶的人的需要而有不同考虑，但第一泡茶并不会有较多农药。

 蝶豆花农药残留超标比例高。

 专家说

蝶豆花是近年来很流行的手摇饮材料，由于是新兴的食材，台湾地区尚未对蝶豆花上的农药残留制定最大限量标准。

而在未制定最大限量残留标准的情形下，有超过定量极限的农药被检验出来，就是不合格。因此，蝶豆花如果被当成农产品栽培，使用农药来做病虫害防治，就很容易出现农药残留超标现象。

所以，如果台湾当地有农民栽培此作物，就要先进行农药登记，合法登记后就会制定农药残留最大限量。至于蝶豆花农药残留比例是否真的偏高，就要根据实际的检验数据才能确定了。目前，台湾地区仍在评估蝶豆花是否可作为食品原料使用中。

Part
1
蔬果农药残留 22 问

Part
2
如何去除农产品上的农药残留

Part
3
网络追问，传言破解

市售柑橘类水果大多用农药洗过，用防腐剂浸泡过。

柑橘本来就属于耐储运的水果，但运输及贮放过程仍会受到绿霉菌等病害的侵害。喜欢吃柑橘类水果的消费者一定有见过家里贮放的柑橘，买回家时外观上都好好的，但几天之后就长满了绿色或是白色的霉菌，而且即使放在冰箱冷藏也无法避免。这就是发生了仓储病害。目前为防止这些病害的发生，有登记的合法药剂可减少贮藏性病害，延长柑橘的储运及贮架寿命。而核准预防贮藏性病害的药剂为噻菌灵，已制定了残留最大限量标准。这些合法的推荐药剂都经过严格的评估，因此只要正确使用，并不会有问题。如果非法使用药剂，只要被查到都是会被处罚的。

草莓长得漂亮是因为用了很多农药。

草莓香甜可口，色泽鲜丽，一般人都很喜欢，但人们也会担心这么鲜嫩香甜的草莓一定用了大量农药才长得这么好，不会生病或被虫吃。但其实草莓的栽培管理上，使用了相当多的措施，例如田

畦覆盖、网室设施等，并不是完全依赖农药，而且使用过多药剂会加重农民栽培的成本，药效也并不会更好，反而容易产生抗药性，影响农民收益。所以草莓使用很多农药是一种误解。

还有人质疑草莓常有形状特殊、大小不一、颜色不均或味道不同，也是农药造成的。其实大家要了解，草莓是一种连续采收的作物，其果实的成长过程并不一致，大小会随着长出的草莓在植株上的位置而有不同；形状则会受到授粉的影响；而且随着光照的情形不同，颜色会有不同的呈现，有些品种特性也会有不同颜色的呈现；至于味道、甜度等，则与产期、栽培管理方式及品种有较大相关性，因此从外观上判断草莓是不是使用太多农药也是不可靠的方法。

 **葡萄表皮白色的粉末是农药。**

葡萄表皮呈现雾状的白色粉末覆盖，是葡萄自然产生的果粉，并不是农药。即使套袋的葡萄也会有果粉产生，并不是外来加上去的。

许多水果表面都会有果粉，除了葡萄外，还有李子、蓝莓等，而蔬菜中的冬瓜表面也常有一层白色粉状物，都是类似的东西。所以这些蔬果表面的白色粉末并不是农药残留，清洗葡萄并不是要将表皮的果粉洗掉。

Part
1
蔬果农药残留 22 问

Part
2
如何去除农产品上的农药残留

Part
3
网络追问，传言破解

 **网络说** 小黄瓜口感苦涩或长得直是因为喷了农药。

专家说

小黄瓜是最常生食的蔬菜种类之一，其营养成分及对身体健康有益的作用已被广泛认可，甚至许多人生吃冰凉的小黄瓜来消暑解渴。但有时候吃完后嘴巴会有苦涩感，于是农药残留又成了被怀疑的原因。

首先，这个苦涩的口感跟农药没有关系，而是小黄瓜中许多特殊成分所具有的，例如葫芦科果实中普遍含有的葫芦素（Cucurbitacin）是一种三萜类化合物，有特殊苦味，常见于葫芦科瓜果或是未成熟的瓜果中。

其次，许多果皮中所含的单宁类成分也具有涩感，最常见的是柿子的涩味，由于小黄瓜常是在幼果时采收且是连皮食用，所以果皮中可能会含有较多单宁成分，让人在食用后会有涩涩的感觉。

最后，是黄瓜或冬瓜中含有的特殊成分丙醇二酸（Tartronic acid），这也是容易让小黄瓜食用后，在口里留下苦涩口感的原因之一。而上述这些苦涩成分，皆为小黄瓜本身所产生的，与农药残留并无关系。

另外，现在很多地方都设有小型的市民农场供市民租用小小一块地，让久居城市的人可以在闲暇时享受田园乐趣。可是许多人在自己的小菜园里种出来的农作物，外观与市场上售卖的有很大差异，例如果实大小、形状、颜色等。这些休闲农民们在栽培时往往不会使用农药，于是把出现差异的原因归咎于没有使用农药，开始怀疑在市面售卖的都是喷了农药，果实才会比较硕大、颜色比较均匀、形状比较漂亮等。

其实专业农民在栽培农作物时，有专业的栽培管理方法与技术，施用农药只是防治病虫害其中的一个手段而已，另外还需要许多的技术配合，例如，适合的季节栽培品种选择、适当的灌溉与排水、施肥时机的掌握，甚至农业设施的建置等，才会有我们在市场上看到的那种高质量农产品的收获。同样的，市场上大小接近、颜色鲜绿、形状笔直的小黄瓜，也都是在适时适地以及专业的农业技术下所获得的结果，而不是因为喷洒了某种农药才会让小黄瓜长得笔直。

至于小黄瓜长得弯曲或畸形，可能的原因有温度、光照、水分、土壤、肥料，甚至病虫害也都有可能。